M Baranitharan
Sudipta Dash
Usha Jinendra

Ciência Ambiental 2ª Edição

AF301748

M Baranitharan
Sudipta Dash
Usha Jinendra

Ciência Ambiental^{2ª} Edição

Química Ambiental

ScienciaScripts

Imprint

Any brand names and product names mentioned in this book are subject to trademark, brand or patent protection and are trademarks or registered trademarks of their respective holders. The use of brand names, product names, common names, trade names, product descriptions etc. even without a particular marking in this work is in no way to be construed to mean that such names may be regarded as unrestricted in respect of trademark and brand protection legislation and could thus be used by anyone.

Cover image: www.ingimage.com

This book is a translation from the original published under ISBN 978-620-8-11614-9.

Publisher:
Sciencia Scripts
is a trademark of
Dodo Books Indian Ocean Ltd. and OmniScriptum S.R.L publishing group

120 High Road, East Finchley, London, N2 9ED, United Kingdom
Str. Armeneasca 28/1, office 1, Chisinau MD-2012, Republic of Moldova, Europe
Printed at: see last page
ISBN: 978-620-8-19263-1

PREFÁCIO

Dr. M. Baranitharan, *M.Sc., Ph.D., em entomologia, está a trabalhar como Professor Assistente no Departamento de Zoologia, Universidade de São José, Distrito de Chumoukedia, Nagaland na Índia. Trabalhou como Junior Research Fellow (JRF) e Senior Research Fellow (SRF) em várias agências de financiamento da investigação. Os seus esforços de investigação deram origem a 62 publicações científicas. A maioria dos seus artigos de investigação foi publicada em revistas de renome com elevados factores de impacto. Até à data, orientei com êxito 10 candidatos ao mestrado na Faculdade de Ciências de Silapathar. Publicou 7 livros e 2 capítulos de livros para a*
Entomologia em publicações nacionais e internacionais de renome. Atualmente, é membro editorial e revisor de revistas internacionais. Recebeu 7 prémios, tais como o International Eminent Science Award; Eminent Scientist; Young Scientist; Outstanding Scientist Award; Best Research Paper Award).

Sudipta Dash, um académico eminente com uma base sólida em ciência e educação, é Professor Assistente na Escola de Conhecimentos Indígenas, Ciência e Tecnologia, KISS Deemed to be University, Bhubaneswar. Com um mestrado em ciências, uma qualificação NET e uma licenciatura em educação, contribuiu de forma notável para a investigação com artigos publicados em revistas, um capítulo de livro e quatro livros da sua autoria, sublinhando a sua experiência em conhecimentos indígenas, ciência e tecnologia.

A Dr.ª Usha Jinendra é uma professora assistente de renome no The Oxford College of Engineering, onde contribui significativamente para a comunidade académica e de investigação. Com mais de 15 publicações em revistas de renome, estabeleceu-se como uma voz respeitada no seu domínio. A Dra. Jinendra também é autora de três capítulos de livros e de um livro, o que demonstra a sua experiência e o seu empenho em fazer avançar os conhecimentos. Para além do seu trabalho académico, detém três patentes, o que reflecte as suas contribuições inovadoras para a ciência e a tecnologia. A sua dedicação à investigação e ao ensino continua a inspirar estudantes e colegas.

AGRADECIMENTOS

*Gostaríamos de estender os nossos agradecimentos ao **Chanceler Fundador, P. Arulraj**, e à Direção da Universidade de S. José, Dimapur, Nagaland, Índia, e ao **Dr. K. Elumalai,** M.Sc., M.Phil., Ph.D., Professor Assistente, Departamento de Zoologia Avançada e Biotecnologia, Government Arts College for men (Autónomo), Chennai, Índia.*

ÍNDICE

RESUMO

A grande área da química ambiental estuda as alterações e os processos químicos que ocorrem no ambiente, com ênfase na forma como a atividade humana afecta os ecossistemas. Para compreender e atenuar os efeitos negativos da atividade humana no ambiente, esta investigação abrange uma vasta gama de tópicos, como a gestão de resíduos, a contaminação dos solos, as alterações climáticas e a poluição do ar e da água. A poluição atmosférica afecta a saúde humana e o ambiente através da libertação de gases tóxicos e partículas provenientes de processos industriais, emissões de automóveis e actividades agrícolas. Na química ambiental, os métodos para reduzir as emissões e diminuir os seus impactos são desenvolvidos através da análise da composição química dos poluentes, do seu movimento na atmosfera e das suas alterações. Um grande perigo para os ecossistemas aquáticos e para a saúde humana é a contaminação das massas de água por resíduos domésticos, escoamento agrícola e efluentes industriais. A química ambiental cria sistemas para o tratamento e remediação da água, analisando as caraterísticas químicas dos poluentes, o seu destino e o seu trânsito nas massas de água. Os poluentes são libertados no solo como resultado de processos industriais, métodos agrícolas e eliminação de resíduos. Isto tem um efeito na saúde do ecossistema e no bem-estar humano. A fim de fornecer técnicas de reparação do solo e de gestão sustentável das terras, a química ambiental estuda as interações químicas entre os contaminantes e os constituintes do solo. A combustão de combustíveis fósseis e a desflorestação são dois exemplos de acções humanas que contribuem para as alterações climáticas, que modificam os padrões de precipitação e a temperatura global. O estudo da química ambiental centra-se nos mecanismos químicos subjacentes ao sequestro de carbono, às emissões de gases com efeito de estufa e às tácticas de mitigação. A fim de evitar a poluição do ambiente, a produção de resíduos relacionada com a atividade humana exige técnicas de gestão eficientes. Para reduzir os efeitos negativos do lixo no ambiente, a química ambiental desenvolve soluções para o tratamento, reciclagem e eliminação de resíduos. Uma vez que a química ambiental oferece respostas aos problemas ambientais, é essencial para a realização do desenvolvimento sustentável. Este domínio assegura um ambiente mais saudável para as gerações futuras através do desenvolvimento de tecnologias inovadoras, da promoção de práticas amigas do ambiente e da informação dos decisores políticos sobre os processos químicos subjacentes às questões ambientais.

1. INTRODUÇÃO

1.1. O que é a química ambiental?

É provavelmente correto afirmar que não existe um significado claro para a palavra "química ambiental". Para várias pessoas, pode significar coisas diferentes. Não vamos apresentar uma nova interpretação. É evidente que os químicos ambientais contribuem para os principais problemas ambientais, como o aquecimento global e a perda de ozono estratosférico (O3). Comparativamente, é do conhecimento geral que a química ambiental desempenha um papel em questões locais e regionais, tais como as consequências das chuvas ácidas e a contaminação dos recursos hídricos. Esta pequena conversa demonstra como associamos claramente a química ambiental ao ser humano. "Química do ambiente" e "poluição" são termos comummente associados. Com este livro, procuramos refutar essa perspetiva estreita e revelar o campo muito mais vasto da "química ambiental".

Na ausência de um quadro comparativo, termos como contaminação e poluição carecem de significado. Sem conhecer o funcionamento dos sistemas químicos naturais, como é que podemos esperar compreender o comportamento e os efeitos dos contaminantes químicos? O funcionamento dos processos químicos da Terra, tanto actuais como de períodos geológicos anteriores, tem sido gradualmente revelado durante muitos anos por um grupo bastante pequeno de especialistas. Apenas uma pequena parte é utilizada nos debates deste livro. O nosso objetivo é mostrar os vários tipos, taxas e escalas dos processos químicos naturais da Terra. Além disso, tentamos ilustrar os efeitos que os seres humanos têm - reais ou potenciais - nos sistemas químicos naturais. Quando é possível comparar diretamente as influências humanas com sistemas naturais inalterados, o significado dessas influências é tipicamente mais evidente.

O estado atual da Terra e a sua evolução ao longo dos últimos milhões de anos são os principais temas deste livro, sendo a química da água superficial do planeta um tema recorrente. Dado que a água é um componente necessário à vida, este tema realça a relação entre os sistemas químicos naturais e os seres vivos, incluindo os humanos. Começaremos por descrever as origens e a evolução química geral dos três componentes primários da Terra próxima da superfície: a crosta, os mares e a atmosfera. Uma vez que os blocos de construção de todos os compostos químicos são os átomos de elementos individuais, começamos pela sua origem.

1.2. No início

Pensa-se que o Universo teve início num único instante, numa explosão maciça conhecida como "big bang". Os cientistas continuam a encontrar provas desta explosão no movimento das galáxias e na radiação de fundo de micro-ondas que outrora esteve ligada à bola de fogo primordial. Aproximadamente uma em 108 matérias e radiações estavam presentes nos primeiros segundos após o big bang e, minutos depois, foram determinadas as abundâncias relativas de hélio (He), deutério (D) e hidrogénio (H). Os elementos mais pesados tiveram de esperar pela formação e processamento destes gases no interior das estrelas. As estrelas que explodem como supernovas podem produzir elementos muito mais pesados do que o ferro (Fe), mas os núcleos estelares podem produzir elementos tão pesados como o ferro.

Os elementos mais predominantes no Universo são o hidrogénio e o hélio, remanescentes das primeiras fases de criação dos elementos. No entanto, a abundância cósmica distinta dos elementos é um resultado do processo de criação estelar (Fig. 1.1). A baixa abundância de lítio (Li), berílio (Be) e boro (B) no cosmos pode ser atribuída ao seu comportamento instável no interior das estrelas. Nas estrelas, um mecanismo cíclico eficaz forma carbono (C), azoto (N) e oxigénio (O), o que resulta na sua abundância comparativamente elevada. Uma vez que o silício (Si) não é facilmente destruído pela luz nas estrelas, também está amplamente disponível e predomina no ambiente rochoso em que vivemos.

1.3. Origem e evolução da Terra

É provável que uma nuvem de gases quentes, em forma de disco, que sobrou de uma supernova estelar, tenha dado origem aos planetas do nosso sistema solar. Os planetas interiores densos (de Marte a Mercúrio) foram produzidos pela acreção de planetossimais, que se solidificaram através da condensação de vapores em corpos minúsculos. Por estarem mais afastados do Sol, os planetas exteriores maiores são constituídos por gases de menor densidade que se condensam a temperaturas muito mais baixas.

A Terra primitiva aqueceu ao longo dos seus 4,5 mil milhões de anos de ascensão até atingir a sua massa atual, em parte devido ao decaimento radioativo de isótopos instáveis (Caixa 1.1) e em parte devido ao aprisionamento de energia cinética proveniente de colisões de planetesimais. Devido às suas elevadas densidades, o ferro e o níquel (Ni), que foram fundidos por este aquecimento, conseguiram afundar-se no centro do planeta e criar o núcleo do planeta. O material residual foi capaz de se solidificar no manto de composição MgFeSiO3 através do arrefecimento subsequente.

1.4. Formação da crosta e da atmosfera

A crosta, a hidrosfera e a atmosfera da Terra primitiva foram produzidas principalmente pela libertação de elementos do manto superior. Nas cristas médio-oceânicas, a crosta oceânica está agora a formar-se juntamente com a descarga de gases e vestígios de água. A formação da crosta na Terra primitiva, que constituía menos de 0,0001% do volume total do planeta, foi muito provavelmente causada por mecanismos semelhantes (Fig. 1.2). Os continentes e a crosta oceânica são constituídos por esta casca, que mudou ao longo do tempo geológico, retirando efetivamente componentes do manto por fusão parcial a uma profundidade de cerca de 100 km. O elemento mais comum na composição química média da crosta atual (Fig. 1.3) é o oxigénio, que se combina de várias formas com o silício, o alumínio (Al) e outros elementos para formar minerais de silicato.

Numerosas linhas de evidência apontam para as erupções vulcânicas ligadas ao desenvolvimento da crosta como a fonte da fuga dos elementos voláteis (desgaseificação) do manto. Quando as temperaturas à superfície eram suficientemente baixas e a atração gravitacional era suficientemente forte, alguns destes gases foram mantidos no lugar para formar a atmosfera da Terra. Com uma pequena quantidade de hidrogénio e vapor de água, a atmosfera primordial era muito provavelmente constituída por dióxido de carbono (CO2) e gás nitrogénio (N2). Foi necessário o aparecimento da vida para evoluir para a atual atmosfera oxidante.

1.5. A hidrosfera

A superfície da Terra alberga uma abundância de água nas três fases: líquida, gelo e vapor de água, com um volume total de 1,4 mil milhões de km^3 . A maior parte desta água (>97%) forma as calotes polares e os glaciares, sendo a restante parte armazenada nos oceanos (Tabela 1.1). As águas subterrâneas constituem a maior parte das águas doces continentais, que representam menos de 1% do volume total. O vapor de água, em percentagem da atmosfera, é bastante baixo (Tabela 1). A hidrosfera é o termo coletivo para estas reservas de água.

Quadro 1: Principais poluentes atmosféricos, suas fontes e efeitos

Principais poluentes do ar	Algumas das fontes		Alguns dos efeitos			
SO2	Combinação de veículos, fóssil queima de combustível		Irritação dos olhos, chuva ácida queda prematura das folhas			
CO e CO2	Veículos combustão queima de combustíveis hidrocarbonetos	e	Aquecimento global, efeito de estufa O CO tem grande afinidade com a hemoglobina e forma o carboxi hemoglobina			
Fumo, cinzas volantes e fuligem	Centrais térmicas		Doenças respiratórias			
Chumbo e mercúrio	Escape de automóveis a gasolina, tintas, baterias de armazenamento, queima de combustíveis fósseis		Afecta o sistema nervoso e o sistema circulatório, causando danos nos nervos e no cérebro			
CFCs	Refrigerantes e aerossóis		Rim esgotamento	danos	e	ozono

Os vários poluentes da água, as suas fontes e efeitos estão resumidos no Quadro 2.

Quadro 2: Principais poluentes da água, suas fontes e efeitos

Principais poluentes da água	Algumas das fontes		Alguns dos efeitos	
Pesticidas e insecticidas como o DDT, BHC	Utilização incorrecta na agricultura, repelentes de mosquitos		Tóxico para os peixes, aves e mamíferos	predatório
Plásticos	Casas e indústrias		Mata peixes e animais como vacas	
Compostos de cloro	Desinfeção da água com cloro, papel e pó branqueador		Fatal para o plâncton (organismos que flutuam à superfície da água das indústrias) Sabor desagradável e cor, pode causar cancro nos seres humanos	
Chumbo	Gasolina com chumbo, tintas, etc.		Tóxico para os organismos	
Mercúrio	Evaporação natural e resíduos industriais dissolvidos, fungicidas		Altamente tóxico para os seres humanos	
Ácidos	Mina resíduos	drenagem,	industrial Mata os organismos	
Sedimentos	Erosão natural, escoamento de		Reduz a capacidade da água para	
	fábricas de fertilizantes e outras,		assimilar o oxigénio	
	mineração	e	construção	
	actividades			

A criação da hidrosfera requer uma fonte de água problemática. Em alguns meteoritos foram encontrados até 20% de água em grupos hidroxilo (OH) ligados; os cometas que contêm muito vapor de água também podem ter bombardeado a proto-Terra. Qualquer que seja a fonte, o vapor de água que escapava do manto era capaz de se condensar quando a superfície da Terra arrefecia até 100°C. A presença de rochas sedimentares depositadas na água indica que os mares se desenvolveram há pelo menos 3,8 mil milhões de anos, e a evidência mineralógica implica que a água estava presente na superfície da Terra há 4,4 mil milhões de anos, pouco depois da acreção. Devido à baixa temperatura a cerca de 15 km de altitude, que faz com que o vapor se condense e caia para níveis mais baixos, muito pouco vapor de água escapa da atmosfera para o espaço. Para além disso, acredita-se que, atualmente, pouca água se desgasta do manto. Estas descobertas implicam que a quantidade total de água à superfície da Terra mudou muito pouco durante o tempo geológico após o episódio de desgaseificação primária.

O ciclo hidrológico, que se processa através de reservatórios na hidrosfera, é representado esquematicamente na Figura 1.4. A água está continuamente a passar por este reservatório, mesmo que não exista muito vapor de água no ambiente. A água é transportada pelas massas de ar à medida que se evapora dos mares e da terra. A distância média de transporte é de cerca de 1000 km, enquanto o tempo de permanência na atmosfera é curto (ver secção 3.3), durando normalmente 10 dias. Depois disso, o vapor de água regressa sob a forma de chuva ou neve aos continentes ou aos oceanos. A maior parte da chuva que cai num continente infiltra-se em sedimentos e rochas porosas ou quebradas para gerar águas subterrâneas; a chuva restante re-evapora-se para a atmosfera ou corre como rios à superfície. Apesar das disparidades regionais significativas entre regiões chuvosas e áridas, a evaporação e a precipitação têm de se equilibrar na Terra como um todo, uma vez que a massa total de água na hidrosfera permanece praticamente constante ao longo do tempo.A radiação solar do sol impulsiona o movimento rápido do vapor de água na atmosfera. A maior parte da energia que atinge a crosta é utilizada para evaporar a água líquida, criando vapor de água na atmosfera. O calor latente é a energia que é utilizada nesta transição e é subsequentemente retida no vapor. Devido à forma esférica da Terra, a maior parte da radiação restante é absorvida pela crosta, com uma eficiência decrescente à medida que a latitude aumenta. No equador, os raios solares atingem a superfície da Terra num ângulo de 90 graus; no entanto, à medida que a latitude aumenta, estes ângulos diminuem e acabam por se aproximar dos 0 graus nos pólos. Por conseguinte, em comparação com o equador, uma quantidade semelhante de radiação é dispersa por uma região maior em latitudes mais elevadas (Fig. 1.5). Existe um desequilíbrio global da radiação porque a variação da radiação recebida com a latitude não é contrabalançada por um efeito oposto para a radiação que sai da Terra. No entanto, como o calor se dirige para os pólos através das correntes oceânicas quentes e como o ar quente e o calor latente (vapor de água) migram para os pólos, os pólos não se tornam cada vez mais frios e o equador mais quente.

1.6. A origem da vida e a evolução da atmosfera

Embora só possamos especular sobre algumas das condições e limitações, não sabemos que acontecimentos aleatórios levaram à síntese de moléculas orgânicas ou à montagem de estruturas metabolizantes e auto-replicantes a que chamamos vida. Durante a década de 1950, havia uma grande esperança de que a identificação do ácido desoxirribonucleico (ADN) e a criação de biomoléculas primitivas em laboratório a partir de atmosferas experimentais ricas em metano (CH4) e amoníaco (NH3) fornecessem uma imagem clara da génese da vida. No entanto, atualmente parece mais plausível que a síntese de substâncias químicas biologicamente significativas tenha ocorrido em ambientes limitados e especializados, tais como as superfícies de minerais argilosos ou as fontes vulcânicas submarinas. Não existe registo fóssil, mas a maioria das estimativas situa o início da vida nas águas entre 4,2 e 3,8 mil milhões de anos atrás. As bactérias são os fósseis mais antigos conhecidos; datam de há cerca de 3,5 mil milhões de anos. Nas rochas desta época podem ser encontradas provas fósseis de metabolismos altamente desenvolvidos que utilizavam a energia solar para fabricar matéria orgânica. Os processos autotróficos (auto-alimentados) tiveram muito provavelmente origem na utilização de enxofre (S), que era fornecido por fontes vulcânicas.

$$CO_{2(g)} + 2H_2S_{(g)} \rightarrow CH_2O_{(s)} + 2S_{(s)} + H_2O_{(l)}$$
$$\text{(organic matter)}$$

Mas há cerca de 3,5 mil milhões de anos, a fotossíntese - a divisão química da água - estava a ocorrer.

$$H_2O_{(l)} + CO_{2(g)} \rightarrow CH_2O_{(s)} + O_{2(g)}$$

O processo de fotossíntese que produz oxigénio teve um impacto significativo. No início, o gás oxigénio (O2) era rapidamente absorvido, provocando a oxidação dos minerais e dos compostos reduzidos. Mas assim que a taxa de fornecimento ultrapassou a taxa de consumo, o O2 atmosférico começou a acumular-se. A biosfera primitiva teve de se adaptar a esta mudança, uma vez que estava a ser ameaçada de morte pelo seu próprio subproduto tóxico, o oxigénio. Conseguiu-o desenvolvendo novos metabolismos biogeoquímicos, que ainda hoje são necessários para sustentar a variedade de vida na Terra. Desenvolveu-se gradualmente uma composição contemporânea (ver Quadro 3.1). Além disso, as reacções fotoquímicas envolvendo o oxigénio na estratosfera (ver Capítulo 3) produziram o ozono (O3), que protege o planeta da luz UV. Graças a este escudo, os seres superiores puderam povoar as superfícies terrestres continentais. Nas últimas décadas, alguns cientistas têm defendido que a Terra funciona mais como um organismo vivo do que como um sistema geoquímico com flutuações aleatórias. Esta questão, também conhecida como a hipótese de Gaia ou, mais recentemente, a teoria de Gaia, tem sido objeto de intensa discussão filosófica. De acordo com a teoria de James Lovelock, a biologia determina se um planeta é ou não habitável, o que significa que a vida pode prosperar e sobreviver na atmosfera, nos oceanos e na terra. Estes pontos de vista gaianos não são amplamente aceites, embora as teorias de Lovelock e de outros tenham suscitado um debate animado sobre a função das criaturas na mediação dos ciclos geoquímicos. A expressão "ciclos biogeoquímicos", que reconhece o impacto dos organismos nos sistemas geoquímicos, é frequentemente utilizada pelos cientistas.

1.7. Efeitos humanos nos ciclos biogeoquímicos?

É crucial distinguir entre as várias alterações do sistema causadas pelo homem quando se fala da química dos ecossistemas próximos da superfície da Terra. Podem ser identificadas duas classificações principais:

➢ Introdução de novos compostos criados pela indústria que resultam na presença de substâncias químicas estranhas no ambiente.

➢ Alteração das substâncias químicas existentes através de influências cíclicas típicas e/ou induzidas pelo homem, a fim de as fazer regressar aos ciclos naturais.

O mais simples de compreender é, sem dúvida, o primeiro tipo de alteração química. O Quadro 1.2 apresenta alguns exemplos de compostos que só estão presentes no ambiente devido à atividade humana. Estes incluem pesticidas como o 2,2-bis(pclorofenil)-1,1,1-tricloroetano (DDT), que é decomposto por bactérias no solo para produzir uma série de outros compostos exóticos; os bifenilos policlorados (PCB), que têm muitas utilizações industriais e se degradam lentamente no ambiente; o tributil-estanho (TBT), que é utilizado em tintas marinhas para evitar que os organismos se fixem nos cascos dos navios; vários medicamentos; alguns radionuclídeos; e uma variedade de compostos de clorofluorocarbonetos (CFC), que foram desenvolvidos para utilização como propulsores de aerossóis, como refrigerantes e na produção de espumas sólidas. A lista do Quadro 1.2 não é de modo algum exaustiva. Estima-se que a indústria química tenha criado milhões de novos compostos, maioritariamente orgânicos, que nunca foram observados na Terra. Pensa-se que cerca de um terço de toda a produção destes produtos químicos se escape para o ambiente, apesar do facto de apenas uma pequena parte ser produzida em quantidades comerciais. É difícil prever o modo como estas substâncias estranhas podem afetar o ecossistema, porque frequentemente não existem homólogos naturais com comportamentos bem compreendidos. Mesmo que um novo material se revele inofensivo, a ignorância pode ter efeitos imprevistos e, por vezes, prejudiciais. Por exemplo, quando foram inicialmente introduzidos, acreditava-se que os CFC seriam perfeitamente seguros no ambiente devido à sua inércia química. Com exceção da atmosfera superior (estratosfera), onde a radiação solar os decompõe, isto era verdade em todos os reservatórios ambientais. Os produtos de degradação dos clorofluorocarbonetos (CFC) resultaram na perda de ozono (O3), uma barreira natural que protege a vida vegetal e animal da radiação UV proveniente do sol. As alterações dos ciclos actuais, causadas pela natureza ou pelo homem, inserem-se na segunda categoria de alterações químicas. Os elementos carbono e enxofre são utilizados no Capítulo 7 para mostrar este tipo de transformações. Estes elementos têm estado a circular durante os 4,5 mil milhões de anos em que a Terra existe. Além disso, ambos os ciclos sofreram um impacto significativo com o aparecimento da vida no planeta. Os ciclos do carbono e do enxofre são afectados não só pela biologia, mas também por mudanças nos atributos físicos, como a temperatura, que se alteraram significativamente ao longo da história da Terra, como entre os períodos glaciais e interglaciais. É também evidente que as variações nos ciclos do carbono e do enxofre podem ter um impacto na temperatura e na cobertura de nuvens, entre outras variáveis climáticas. A atividade humana perturbou este e outros ciclos naturais durante os últimos séculos. Estas perturbações dos ciclos naturais provocadas pelo homem reproduzem essencialmente o que a natureza já faz, por vezes até intensificando-o. Uma vez que os ciclos naturais estão a ser melhorados, em vez de lhes ser acrescentado algo totalmente novo, as alterações a esses ciclos devem ser mais fáceis de prever do que o cenário com produtos químicos exóticos que foi discutido anteriormente. A previsão das consequências das alterações provocadas pelos seres humanos deveria, por conseguinte, ser facilitada pela compreensão do funcionamento atual e passado de um sistema natural. Infelizmente, devido à nossa ignorância dos modos de funcionamento histórico e contemporâneo dos ciclos químicos naturais, somos frequentemente menos exactos do que gostaríamos a fazer estas previsões.

2. SEGMENTO AMBIENTAL

A atmosfera, a hidrosfera, a litosfera, que é constituída pelo meio físico ou abiótico, e a biosfera - o quarto segmento ambiental constituído por plantas e animais - são os quatro segmentos ambientais distintos. O ambiente do bioma é constituído por elementos bióticos e abióticos.

2.1. Atmosfera

A atmosfera terrestre, um escudo de gases que protege a vida do ambiente hostil do espaço, é o que mantém a vida na Terra. A atmosfera terrestre regula a temperatura do planeta, absorvendo a maior parte da energia electromagnética solar e dos raios cósmicos provenientes do espaço. Emite exclusivamente ondas visíveis, infravermelhos próximos (300-2500 nm), ultravioletas próximos e ondas de rádio (0,14-40 m) e absorve a energia reemitida pela Terra sob a forma de radiação infravermelha. Devido à sua propensão para reter o calor, o ar actua como isolante contra a perda de calor da superfície terrestre e estabiliza o tempo e o clima.

Os principais gases da atmosfera são o oxigénio e o azoto, com o árgon, o dióxido de carbono e alguns gases vestigiais a actuarem como gases secundários. É da atmosfera que provêm o dióxido de carbono e o oxigénio. A atmosfera também contém uma série de ciclos relacionados com o fluxo de matéria entre um organismo e o seu ambiente, incluindo os ciclos do carbono, do azoto, do fósforo e hidrológico. Fornece também azoto, que é utilizado pelas plantas que produzem amoníaco e pelas bactérias que fixam o azoto para criar azoto quimicamente ligado, necessário à vida. A última parte do capítulo aborda as especificidades destes ciclos.

A atmosfera pode ser dividida nas cinco camadas concêntricas seguintes, consoante as variações de temperatura:

➢ **Troposfera:** Nesta camada, vivem os seres humanos e outros organismos.

➢ **Estratosfera:** Nesta camada, a temperatura é muito baixa, pelo que não existem nuvens, poeiras ou vapores de água.

➢ **Mesosfera:** Nesta camada, a temperatura cai para cerca de -95°C. As principais espécies químicas na mesosfera são N_2, O_2, O_2^+ e NO^+.

➢ **Termosfera ou ionosfera:** Nesta camada, a maior parte dos componentes gasosos são ionizados sob a influência da energia radiante, pelo que a ionosfera contém partículas eletricamente carregadas, tais como O^+, $O2^+$ e NO^+. As mensagens de rádio podem ser transmitidas através desta camada à volta da curva da Terra.

> **Exosfera:** Nesta camada, a temperatura é muito elevada devido à radiação solar. Nesta região não existem átomos, exceto o hidrogénio e o hélio.

Os seres humanos, por um lado, estão a usufruir de todas as vantagens do desenvolvimento da ciência e da tecnologia e, por outro lado, têm vindo a lançar resíduos na atmosfera e a produzir um grande número de poluentes, que ameaçam a sobrevivência da própria humanidade na Terra.

2.2. Hidrosfera

A hidrosfera, que constitui mais de 75% da superfície do planeta, alberga vários tipos de recursos hídricos, incluindo calotes polares, rios, lagos, ribeiros, reservatórios, mares, oceanos e águas subterrâneas (ou água que se encontra abaixo da superfície da Terra). Com o seu elevado teor de sal, os mares contêm mais de 97% de toda a água da Terra que não é própria para consumo humano. Apenas 1% dos recursos hídricos mundiais estão acessíveis como água doce (água superficial de rios, lagos, ribeiros e águas subterrâneas) para uso humano e outros fins; os restantes 2% estão congelados nas calotes polares e nos glaciares. Há também água doce encontrada na precipitação, neve, orvalho e outras formas.

À temperatura ambiente, a água tem o maior calor de fusão e evaporação de todas as substâncias líquidas. A temperatura da biosfera é moderada por estas caraterísticas da água. A quantidade de água disponível tem uma influência direta na ascensão e queda das civilizações antigas. A água é maioritariamente utilizada em centrais térmicas (50%) e na irrigação (30%). Outras utilizações incluem o consumo doméstico (7%) e a utilização industrial (cerca de 12%). Outro meio flutuante é a água. Não necessita de estruturas de suporte especializadas para os organismos sobreviverem. Os pesticidas e fertilizantes provenientes do escoamento agrícola, os dejectos humanos e animais nos esgotos e os poluentes industriais contaminam as águas superficiais. Um desses exemplos é a salinidade da água. A salinidade da água do mar varia entre 3,5% e 3,5%.

2.3. Litosfera

Composto por minerais que se encontram no solo e na crosta terrestre, este é o manto exterior da Terra sólida. A Terra é um planeta sólido, redondo e frio do sistema solar que gira em torno do Sol, mantendo uma distância fixa entre os dois. Gira sobre o seu eixo. É constituída por uma mistura complexa de água, ar, matéria orgânica e minerais. Os núcleos exterior e interior, a crosta e o manto constituem as três camadas primárias que compõem a litosfera. O componente mais significativo da litosfera é o solo, que cobre a superfície da crosta. Para além da matéria orgânica, o solo é constituído por rochas desgastadas e por elementos necessários ao crescimento das plantas. O solo serve de habitat para o gado e a vida selvagem, bem como de armazém de minerais, reservatório de água, protetor da fertilidade do solo e produtor de culturas vegetais.

2.4. Biosfera

O termo "biosfera" refere-se ao domínio dos seres vivos e à forma como estes interagem com a atmosfera, a hidrosfera e a litosfera. O ambiente e a biosfera têm ambos um impacto significativo um no outro. Consequentemente, o reino vegetal é o único responsável pelas concentrações atmosféricas de dióxido de carbono e oxigénio. Na realidade, o oxigénio não existia na atmosfera inicial; a fotossíntese e a decomposição pelas plantas verdes são as únicas responsáveis pela acumulação de oxigénio na atmosfera. Em geral, a química da água e o fluxo de energia ambiental estão intimamente ligados ao mundo biológico. Existem dois tipos de interações entre organismos: hostis (vivem juntos, mas pelo menos um é prejudicado) e simbióticas (vivem juntos para vantagens mútuas). O nosso sustento provém da biosfera em geral, e os materiais passam por formas de expiração, excreção e extinção.

3. PRODUTOS QUÍMICOS TÓXICOS NO AMBIENTE

O ambiente contém compostos nocivos e não tóxicos. O ambiente contém substâncias químicas nocivas que as indústrias libertam no ar, na água e no solo e que acabam por entrar na cadeia alimentar humana. Estas substâncias têm efeitos negativos porque interferem com os processos bioquímicos naturais do corpo assim que chegam ao sistema biológico.

Embora exista uma grande variedade de substâncias perigosas, muitas delas ainda têm níveis de toxicidade desconhecidos. Uma vez que não foi estabelecido que certas substâncias benéficas não são tóxicas, existem controlos rigorosos. Numerosos metais que reconhecidamente representam um risco para o ambiente são também metais vestigiais dietéticos necessários para o crescimento e desenvolvimento adequados dos animais e dos seres humanos. Estes elementos são o As, Ba, Be, Cd, Co, Cu, Ce, In, Pb, Hg, Mo, Ag, Te, Tl, Sn, Ti, W, U e Zn (Quadro 1). Por exemplo, o crescimento de animais requer quantidades vestigiais de metais perigosos bem conhecidos como As, Pb e Cd. Schwartz criou as linhas divisórias arbitrárias utilizando o termo "janela de concentração":

➢ "Essencial" ao nível dos vestígios para a manutenção dos processos vitais

➢ "Deficiente" num nível inferior a (a), causando uma perturbação metabólica

➢ "Tóxico" a um nível superior a (a), causando efeitos adversos

De acordo com o "Registo Internacional de Substâncias Químicas Potencialmente Tóxicas" do Programa das Nações Unidas para o Ambiente, existem atualmente 4 milhões de substâncias químicas reconhecidas no mundo, sendo acrescentados à lista mais 30 000 novos compostos por ano. Sessenta a setenta mil destes compostos são de uso frequente. Muitos deles têm o potencial de serem prejudiciais, para além de aumentarem os padrões de vida, a produtividade e a saúde.

3.1. Classificação das matérias tóxicas

Dependendo da sua finalidade e impacto, as substâncias tóxicas podem ser classificadas como metais pesados, carbonilos metálicos, compostos organoclorados, substâncias radioactivas, aditivos alimentares, carcinogéneos, insecticidas, etc.

3.1.1. Mutagénicos

Um agente físico ou químico que modifica o material genético, normalmente o ADN, é referido na ciência da genética como um mutagénio. O ADN pode interagir diretamente com uma vasta gama de substâncias. No entanto, várias substâncias, incluindo benzenos, aminas aromáticas e PAH (hidrocarbonetos aromáticos policíclicos), podem causar mutagénese nas células através dos seus processos metabólicos, mesmo que não sejam inerentemente mutagénicas. As espécies reactivas de oxigénio incluem o peróxido de hidrogénio, o superóxido e os radicais hidroxilo. Estes são exemplos de outras espécies químicas. Muitas destas espécies extremamente reactivas são produzidas como subprodutos da peroxidação lipídica ou do transporte de electrões mitocondrial, por exemplo, durante as funções celulares normais. Além disso, os produtos químicos desaminantes que transferem grupos metilo ou etilo para bases ou para os grupos fosfato da espinha dorsal - como o ácido nitroso, aminas aromáticas (2-acetilaminofluoreno), alcalóides, azida de sódio, bromo e derivados relacionados, e agentes alquilantes como a nitrosouréia etílica - reagem com o ADN. Quando alquiladas, a guanina e a tiamina podem não ser a melhor combinação. Alguns têm o potencial de quebrar e reticular o ADN. O tabaco contém nitrosoaminas, uma classe significativa de agentes mutagénicos; outros agentes alquilantes incluem o cloreto de vinilo e o gás mostarda.

3.1.2. Carcinogéneos

Qualquer substância que tenha o potencial de causar cancro, tanto nos seres humanos como nos animais, é designada por carcinogéneo. Outro termo para um material que é conhecido por agravar ou promover o cancro, mas que pode não o causar diretamente, é carcinogéneo. Foi determinado que certos produtos químicos causam cancro. Alguns carcinogéneos bem conhecidos incluem o fumo do tabaco, certos pesticidas, o arsénico e outros metais pesados, o amianto, o rádon e outros isótopos radioactivos. Para além dos produtos químicos, alguns tumores malignos da pele têm sido associados à radiação ultravioleta.

3.1.3. Pesticidas

Os produtos químicos denominados pesticidas são utilizados para manter as ervas daninhas e os roedores, bem como os insectos, afastados das culturas e das forragens. O principal mecanismo de degradação e desintoxicação dos pesticidas no ambiente são as reacções bioquímicas. O DDT é um desses pesticidas, cujos efeitos biológicos no ambiente foram examinados com o maior pormenor. O DDT é um inseticida que visa o sistema nervoso central, tal como muitos outros. No tecido lipídico (gordura), o DDT dissolve-se e acumula-se na membrana gordurosa que envolve as células nervosas. Isto irá provavelmente causar interferência na transmissão das células nervosas. O inseto-alvo é morto em resultado da perturbação do sistema nervoso central. O DDT degrada-se mais lentamente do que os outros grupos - organofosforados e carbamatos - mantendo-se relativamente estável e persistente no ambiente. Estes últimos degradam-se na atmosfera ao longo de alguns dias após reagirem com O2 e H2O.

3.1.4. Aditivos alimentares

Os aditivos alimentares são substâncias químicas que são adicionadas voluntariamente aos alimentos para preservar o seu sabor ou melhorar o seu gosto e aparência. Alguns aditivos são utilizados há séculos, por exemplo, para conservar os alimentos através da decapagem com vinagre, da salga, da conservação de doces ou da utilização de gás SO2, como em alguns vinhos. Os aditivos alimentares são de origem natural e artificial.

3.1.4.1. Tipos de aditivos alimentares

Seguem-se alguns exemplos, aplicações e categorias de aditivos alimentares:

➢ Agentes antiaglomerantes - impedem que os ingredientes se tornem grumosos, por exemplo, polifosfato de cálcio e silicato de alumínio e potássio
➢ Antioxidantes - impedem que os alimentos sejam oxidados ou fiquem rançosos, por exemplo, EDTA dissódico, oxistearina e vitamina C
➢ Edulcorantes artificiais - aumentam a doçura, por exemplo, sacarina, aspartame e ciclamatos
➢ Emulsionantes - impedem a coagulação das gorduras, por exemplo, dimetilpolissiloxano

➢ Ácidos alimentares - manter o nível correto de ácido nos alimentos, por exemplo, fumarato de sódio ou de potássio e 1,4-heptonolactona
➢ Corantes - melhoram ou dão cor aos alimentos, por exemplo, niacina,

nicotinamida, tartrazina, riboflavina e curcuma

➢ Humectantes - mantêm os alimentos húmidos, por exemplo, maltitol, lactitol, xilitol e triacetina

➢ Aromas - dar sabor aos alimentos

➢ Intensificadores de sabor - aumentam o poder de um sabor adicionado aos alimentos, por exemplo, glutamato monopotássico, MSG, e acetato de zinco

➢ Agentes espumantes - mantêm a aeração uniforme dos gases nos alimentos

➢ Sais minerais - melhoram a textura e o sabor dos alimentos, por exemplo, sulfato de alumínio e sódio, hidróxido de cálcio e hidróxido de magnésio

➢ Conservantes - impedem que os micróbios se multipliquem e estraguem os alimentos, por exemplo, lisozima, citrato de isopropilo e benzoato de sódio

➢ Espessantes e gomas vegetais - melhoram a textura e a consistência dos alimentos

➢ Estabilizadores e agentes de endurecimento - mantêm a dispersão uniforme dos alimentos, por exemplo, gluconato de sódio ou de potássio

➢ Tratamento da farinha - melhora a qualidade da cozedura

➢ Agentes de revestimento - melhoram o aspeto dos alimentos e podem protegê-los

➢ Agentes gelificantes - alteram a textura dos alimentos através da formação de gel, por exemplo, ágar, ácido algínico e carragenina

➢ Propulsores - ajudam a impulsionar os alimentos de um recipiente

➢ Agentes de aumento - aumentam o volume dos alimentos através da utilização de gases

➢ Agentes de volume - aumentam o volume dos alimentos sem grandes alterações na sua energia disponível, por exemplo, amido, manitol, pectina e polidextrose

3.1.4.2. Reacções devidas a aditivos alimentares

Certos aditivos alimentares têm uma maior propensão do que outros para induzir diferentes tipos de reacções de hipersensibilidade nos seres humanos. Estes incluem:

➢ Perturbações digestivas - diarreia e dores de cólica

➢ Perturbações nervosas - hiperatividade, insónia e irritabilidade

➢ Problemas respiratórios - asma, rinite e sinusite

➢ Problemas de pele - urticária, comichão, erupções cutâneas e inchaço

4. POLUIÇÕES

Devido às comodidades básicas que os rios proporcionam, as povoações humanas cresceram e prosperaram ao longo das suas margens nos tempos antigos. O crescimento da população obrigou as pessoas a deslocarem-se. Começaram a construir abrigos a partir de materiais orgânicos, como lama e árvores. Começou a acumular-se mais lixo nas zonas onde viviam. As condições para a eliminação dos resíduos (saneamento) foram criadas pelo homem. Depois disso, as pessoas começaram a criar empresas para produzir artigos para o seu conforto pessoal. Com o objetivo de aumentar a produção de alimentos para satisfazer as necessidades crescentes da população, foram desenvolvidos pesticidas e fertilizantes artificiais. Além disso, as indústrias produziram lixo que acabou por ir parar às fontes de água. Os organismos aquáticos foram afectados por pesticidas e produtos químicos que foram arrastados para massas de água naturais, incluindo rios, lagos e lagoas. O abastecimento de água potável (segura para beber) diminuiu. Tudo isto tem um impacto negativo em todos os seres vivos, incluindo a vida humana. Os poluentes são todos os resíduos deste tipo produzidos pela atividade humana que prejudicam o ambiente. A poluição é definida como qualquer dano que os poluentes causam ao ambiente natural. O termo "poluição" descreve a degradação ou as condições desfavoráveis que ocorrem na qualidade dos recursos naturais, como o solo, a água e o ar, em resultado da atividade ou da presença de substâncias indesejáveis que excedem um determinado limiar.

4.1. Poluentes

O termo "poluentes" refere-se a materiais ou produtos químicos que, quando libertados para o ambiente em grandes quantidades sob a forma de partículas sólidas, semi-sólidas, líquidas, gasosas ou subatómicas, têm um efeito adverso.

Os poluentes podem ser classificados das seguintes formas

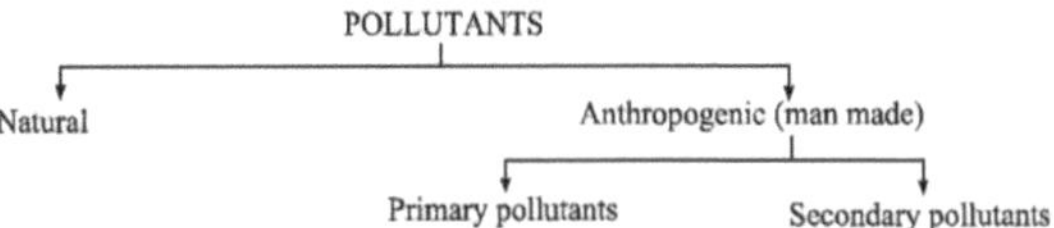

4.2. Poluentes naturais

A poluição pode ter origem numa variedade de fontes naturais. Segue-se uma lista de algumas delas:

1. Os incêndios nas florestas podem ser provocados quando um raio atinge as árvores. A queima de árvores produz uma grande quantidade de CO_2 que é libertado para a atmosfera.

2. A erosão do solo aumenta a quantidade de partículas e poeiras em suspensão no ar. Estas podem mesmo entrar nas massas de água ao serem arrastadas pela chuva ou por quedas de água naturais.
3. As erupções vulcânicas também adicionam poluentes como o SO_2 e partículas sólidas ao ambiente.

4. Os compostos orgânicos voláteis das folhas, árvores e animais mortos entram naturalmente na atmosfera.
5. A radioatividade natural e os outros poluentes naturais têm entrado no ambiente desde há muito tempo. (Mas o baixo nível de poluição raramente pôs em perigo a vida dos organismos).

4.3. Poluentes antropogénicos

O aumento da atividade humana põe em perigo a vida humana ao libertar um número significativo de contaminantes no ambiente. Os poluentes antropogénicos são substâncias que o homem introduziu no ambiente. Existem dois tipos de poluentes antropogénicos.
1. **Poluentes primários:** Os poluentes primários são adicionados diretamente sob uma forma nociva à atmosfera. Por exemplo, CO_2 e CO provenientes da queima de combustíveis fósseis; SO_2 e óxidos de azoto provenientes da combustão de veículos, centrais térmicas, etc.
2. **Poluentes secundários:** Os poluentes secundários são os produtos da reação entre os poluentes primários e os constituintes ambientais normais.

$$2SO_2 + O_2 \longrightarrow 2SO_3$$

Assim, o SO_2 é um dos principais poluentes que produz SO_3 quando se combina com o oxigénio atmosférico. Além disso, o H_2SO_4 é criado quando o SO_3 se combina com o vapor de água atmosférico. Por conseguinte, os poluentes secundários são o SO_3 e o H_2SO_4.

$$SO_3 + H_2O \longrightarrow H_2SO_4$$

$$2NO + O_2 \longrightarrow 2NO_2$$

Um poluente primário chamado óxido nítrico (NO) combina-se com o oxigénio para formar NO2, um poluente secundário.

Em função das fontes, os poluentes antropogénicos podem ainda ser classificados em

1. Poluentes industriais

2. Poluentes domésticos

(i) **Poluentes industriais:** As indústrias do papel, têxteis, curtumes e destilarias lançam no ambiente vários efluentes como óleo, gordura, plástico e resíduos metálicos.

(ii)**Poluentes domésticos:** Os detergentes, as pastas de dentes com flúor, os corantes alimentares, os aromatizantes alimentares, os sacos de polietileno e os invólucros são poluentes do ambiente.

O metano produzido no estômago do gado e nos arrozais estagnados é também um poluente doméstico.

4.4.Fontes de poluentes

Muitos dos poluentes presentes no nosso ambiente têm origens naturais e humanas. Por exemplo, a origem natural dos poluentes inclui a libertação de dióxido de enxofre (SO2) de erupções vulcânicas, a erosão do solo pelo vento e pela água, os minerais dissolvidos transportados para os rios e oceanos por escoamento superficial, etc.

As fontes de poluentes também são classificadas:

1. Estacionário

2. Fontes móveis

4.4.1. Fontes fixas : Os poluentes libertados a partir de um local fixo ou de uma área bem definida são conhecidos como fontes estacionárias, por exemplo, chaminés de centrais eléctricas, fundições, minas de superfície, etc.

4.4.2. Fontes móveis : Os poluentes libertados por fontes difusas ou por fontes que se deslocam de um local para outro são designados por fontes móveis, por exemplo, automóveis, autocarros, aviões, navios, comboios, etc. Os vários poluentes da água, as suas fontes e efeitos são apresentados no Quadro 3.

4.5.Contaminação

A simples existência de materiais indesejáveis num meio, como o ar, a água, o solo, etc., torna-o inadequado para uma determinada aplicação. Esta situação é designada por contaminação. Por exemplo, a poluição atmosférica causada por emissões perigosas de veículos. Quando a sua concentração ultrapassa o ponto em que pode ter efeitos negativos, é considerada um poluente.

Quadro 3: Principais poluentes atmosféricos, suas fontes e efeitos

Principais poluentes do ar	Algumas das fontes		Alguns dos efeitos			
SO_2	Combinação de veículos, queima de combustível	fóssil	Irritação dos olhos, chuva ácida queda prematura das folhas			
CO e CO_2	Veículos combustão queima de combustíveis hidrocarbonetos	e	Aquecimento global, efeito de estufa O CO tem grande afinidade com a hemoglobina e forma a carboxi-hemoglobina			
Fumo, cinzas volantes e fuligem	Centrais térmicas		Doenças respiratórias			
Chumbo e mercúrio	Exaustão de automóveis a partir de gasolina, tintas, baterias de armazenamento, combustíveis fósseis queima de combustível		Afecta o sistema nervoso e o sistema circulatório, causando e danos cerebrais			
CFCs	Refrigerantes e aerossóis		Depleç ão dos rins	danos	e	ozono

Quadro 4: Principais poluentes da água, suas fontes e efeitos

Principais poluentes da água	Algumas das fontes		Alguns dos efeitos	
Pesticidas e insecticidas como o DDT, BHC	Utilização incorrecta na agricultura, repelentes de mosquitos		Tóxico para os peixes, aves e mamíferos	predatório
Plásticos	Casas e indústrias		Mata peixes e animais como vacas	
Compostos de cloro	Desinfeção da água com cloro, papel e pó branqueador		Fatal para o plâncton (organismos que flutuam à superfície da água das indústrias) Sabor desagradável e cor, pode causar cancro nos seres humanos	
Chumbo	Gasolina com chumbo, tintas, etc.		Tóxico para os organismos	
Mercúrio	Evaporação natural e resíduos industriais dissolvidos, fungicidas		Altamente tóxico para os seres humanos	
Ácidos	Mina resíduos	drenagem, industrial	Mata os organismos	
Sedimentos	Erosão natural, escoamento de		Reduz a capacidade da água para	
	fábricas de fertilizantes e outras,		assimilar o oxigénio	
	mineração	e construção		
	actividades			

5. POLUIÇÃO DO AR

Recentemente, aprendeste como a natureza utiliza os seus próprios processos para esgotar e repor elementos como o CO2, O2 e N2. A capacidade da Terra para suportar a vida será afetada negativamente se a atividade humana perturbar o equilíbrio do CO2, O2 ou N2. Compreendes agora a grande preocupação que os ambientalistas têm com a florestação, as plantações de árvores e a contaminação ambiental.

A atividade humana provocou alterações indesejáveis nos componentes químicos e físicos do ar. A poluição atmosférica é uma alteração indesejável da atmosfera. A atmosfera encheu-se de gases poluentes como o SO2, os óxidos de azoto, o CO e quantidades excessivas de CO2. As partículas, as gotículas líquidas e os poluentes gasosos são as três categorias de poluentes atmosféricos (**Fig. 1**).

5.1. Partículas poluentes

As partículas, incluindo cinzas volantes e fuligem, são emitidas por uma série de empresas como subprodutos das suas actividades. Quando se misturam com o ar e saem das chaminés das indústrias e de outras saídas, são arrastadas pelo vento. Além disso, as centrais eléctricas a carvão com manutenção deficiente e os gases de escape dos carros a gasóleo sujos libertam partículas em suspensão no ar. No mundo natural, as partículas em suspensão no ar aumentam com as erupções vulcânicas, a erosão eólica e os incêndios florestais. As partículas poluentes incluem coisas como fuligem, pó de cimento, cinzas volantes de centrais térmicas e coque de petróleo de refinarias de petróleo. Segue-se uma análise pormenorizada de alguns dos contaminantes de partículas:

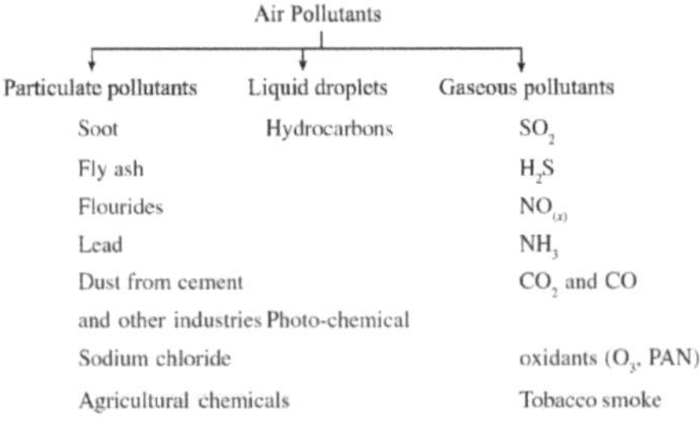

Figura 1: Classificação e exemplo de poluentes atmosféricos

5.1.1. Fluoreto: As partículas de flúor são adicionadas por altos-fornos, fornos de tijolos, combustão de carvão, indústrias de alumínio, aço e eletroquímica, bem como fabricantes de azulejos e gravuras em vidro, e depositam-se na vegetação. Queimam as pontas das folhas e, quando o gado consome a vegetação, adquire fluorose, o que faz com que perca peso, fique coxo e perca os dentes. O flúor também é um problema para os seres humanos. Os fluoretos, que são libertados pelos vulcões, são também poluentes particulados e gasosos.

5.1.2. Chumbo: O ar está contaminado com partículas de chumbo provenientes dos gases de escape dos veículos. O chumbo tetraetilo, presente na gasolina dos automóveis, é utilizado como agente antidetonante. As partículas de chumbo são também libertadas para a atmosfera pelas indústrias de tintas, cerâmica e pesticidas. A poluição por chumbo é aumentada pela produção de baterias de armazenamento de chumbo e pela reciclagem de baterias abandonadas. O chumbo inibe a formação de glóbulos vermelhos, o que resulta em anemia (baixa hemoglobina, o pigmento do sangue que transporta o oxigénio). Mesmo em baixas concentrações, a exposição persistente ao chumbo pode prejudicar os rins e o fígado, uma vez que se trata de uma toxina cumulativa.

5.1.3. Poeiras: A poeira é definida como partículas com um tamanho inferior a 10 microns. Quando entra nos pulmões, acumula-se em todo o sistema respiratório e pode provocar cancro do pulmão ou asma. A poeira da trituração de pedras é outro exemplo de um tipo específico de poluição.

5.1.4. Cloreto de sódio: Durante o inverno, o cloreto de sódio é utilizado para remover a neve do ambiente. Quando as ondas do mar o salpicam, algum cloreto de sódio é adicionalmente libertado para a atmosfera. Descobriu-se que o excesso de cloreto de sal provoca a desfoliação, ou seja, a queda de folhas, a quebra de rebentos terminais das macieiras e a supressão de flores.

5.1.5. Produtos químicos agrícolas: É bem sabido que os pesticidas químicos, herbicidas e outros insecticidas prejudicam as plantas. Tanto os seres humanos como os animais podem ser envenenados por eles. Os resíduos de pesticidas estão suspensos no ar sob a forma de partículas.

5.2. Hidrocarbonetos

Os hidrocarbonetos contaminam o ar, quer como gases quer como gotículas líquidas. Estes hidrocarbonetos são libertados ou adicionados sob a forma de gotículas líquidas por fugas de gás natural e infiltrações em campos petrolíferos. As bactérias metanogénicas libertam metano nos arrozais e nos pântanos. Além disso, os intestinos dos animais ruminantes produzem metano (CH_4). O cancro do pulmão é causado pela emissão de 3,4-benzopireno quando os combustíveis não são completamente queimados. As tintas, os solventes e os pesticidas emitem hidrocarbonetos. Uma das causas da neblina fotoquímica são os hidrocarbonetos.

5.3. Poluentes gasosos

A atividade humana adiciona frequentemente óxidos de azoto, dióxido de enxofre e monóxido de carbono à atmosfera. Um excesso destes elementos tem impactos prejudiciais tanto para os seres humanos como para o ambiente físico.

5.3.1. SO2 e H2S

Estes são libertados para a atmosfera através da queima de resíduos contendo enxofre, da produção de H_2SO_4 a partir da refinação de petróleo, da fundição de minérios contendo enxofre, da produção de papel e de erupções vulcânicas que ocorrem naturalmente. As plantas expostas ao H2S e ao SO2 apresentam uma diminuição do crescimento e desfoliação, ou seja, a queda das folhas. Os seres humanos expostos à poluição por SO2 sentem dores de cabeça, náuseas e irritação respiratória e ocular. Quando o SO_2 e a água reagem, produz-se $H_2\,SO_4$. Esta precipitação é conhecida como chuva ácida, e aprenderá mais sobre ela mais adiante neste capítulo.

5.3.2. Óxidos de azoto

Os óxidos de azoto são produzidos naturalmente quando as bactérias decompõem anaerobicamente as substâncias azotadas. A combustão de combustíveis fósseis também os liberta. Os óxidos de azoto são produzidos pelas centrais eléctricas, pelos gases de escape dos automóveis, pelos explosivos, pela indústria dos adubos azotados e por outras causas de origem humana.

5.3.3. NO2

As plantas com NO2 registam uma queda precoce das folhas e dos frutos. Os óxidos de azoto são uma das causas da deposição ácida, do smog fotoquímico e do efeito de estufa.

5.3.4. CO2 e CO

Quando o carvão, a madeira, o gás e o petróleo são queimados, o CO2 é libertado para o ambiente. As duas principais fontes de emissão de CO são a queima de carvão em fornos de combustão e os veículos a gasolina. Os automóveis com motor de combustão interna libertam muito CO e hidrocarbonetos para o ar. Um excesso de CO2 pode contribuir para o aquecimento global, produzir smog fotoquímico e ser letal para os seres humanos respirarem.

5.3.5. Envenenamento por CO

O CO e a hemoglobina têm uma forte afinidade. Forma a carboxiemoglobina quando se junta ao pigmento sanguíneo hemoglobina. O papel habitual da hemoglobina é o transporte de oxigénio. No entanto, o CO interage com a hemoglobina cerca de 200 vezes mais rapidamente do que o O2. Quando os tecidos não recebem oxigénio suficiente, morrem. A cor da carboxihemoglobina é vermelho-escuro e as pessoas com envenenamento por CO têm lábios também vermelho-escuro. O enfisema e a bronquite são duas doenças pulmonares provocadas pelo envenenamento ligeiro por CO. Nos fumadores, o CO do fumo do cigarro torna a hemoglobina inoperável.

5.3.6. Oxidantes fotoquímicos

Quando o chumbo dos raios UV do sol se mistura com poluentes primários como os hidrocarbonetos e os óxidos de azoto, cria poluentes secundários como o ozono e o nitrato de peroxiacetilo (PAN). O nevoeiro fotoquímico é criado tanto pelo PAN como pelo O3. O PAN e o O3 são tóxicos para as plantas. Os seres humanos podem ter dores de cabeça, garganta seca, irritação ocular, hemorragia e problemas respiratórios causados por eles.

5.4. Fumo do tabaco:

Os Bidis e o fumo dos cigarros contêm alcatrão, compostos aromáticos e nicotina. Estes compostos provocam problemas no coração, na tensão arterial, nos pulmões e na traqueia do fumador, bem como nas pessoas que se encontram na sua proximidade imediata. O fumo dos cigarros pode potencialmente causar cancro. O quadro 3 apresenta uma panorâmica das diferentes actividades humanas e naturais que libertam poluentes atmosféricos para a atmosfera.

Quadro 5: Poluentes atmosféricos comuns, suas fontes e contribuição da poluição natural e antropogénica

Poluentes atmosféricos	Algumas fontes	Emissões (% do total) Natural Antropogénico	
Óxido de enxofre (SOx)	Queima de combustíveis fósseis, queima de biomassa industrial, vulcões, oceanos	50	50
Monóxido de carbono (CO)	Combustão incompleta,	91	9
	Oxidação do metano,		
	transporte, biomassa		
	queima, metabolismo vegetal		
Óxido de azoto (NOx)	Queima de combustíveis fósseis, raios, queima de biomassa, solo micróbios	40	60
Hidrocarbonetos (HC)	Combustíveis fósseis, processos industriais, evaporação de solventes orgânicos, queimadas agrícolas, isoprenos vegetais e outros biogénicos	84	16
Materiais com partículas em suspensão	Queima de biomassa, poeira, mar sal, aerossóis biogénicos, conversão de gás em partículas	89	11

5.5.Efeitos do excesso de poluentes atmosféricos na natureza (Poluição exterior)

Agora já sabe que tipos de poluentes existem no ar. A maior parte deles são subprodutos da queima de combustíveis. No momento em que o homem começou a queimar carvão e madeira, estas toxinas foram libertadas para a atmosfera. Mais tarde, quando a atividade industrial aumenta, os contaminantes são emitidos para a atmosfera. Como são adicionados muitos mais poluentes do que a natureza consegue suportar para manter o equilíbrio, a natureza não foi capaz de eliminar todos estes contaminantes. Como resultado, os contaminantes acumularam-se na atmosfera ao ponto de a composição do ar se ter alterado drasticamente. Fenómenos físicos como as chuvas ácidas, o smog fotoquímico, a destruição da camada de ozono, o efeito de estufa e o aquecimento global são causados por este fenómeno. Estes fenómenos são prejudiciais para as pessoas, os animais e as plantas. A figura Fig. 2 mostra os quatro principais efeitos dos poluentes atmosféricos. No diagrama, as setas do poluente representam o seu envolvimento no fenómeno físico. As fontes dos poluentes estão representadas por baixo dos nomes dos poluentes. Os quatro fenómenos principais são posteriormente discutidos um a um. São eles a inversão da temperatura, o smog fotoquímico, a chuva ácida, o efeito de estufa e a destruição da camada de ozono (escudo).

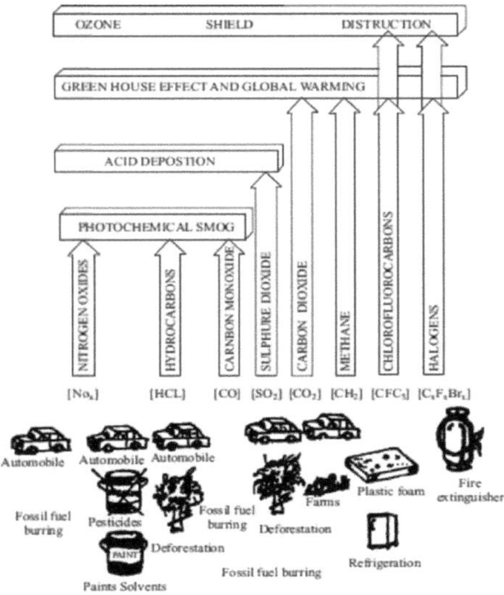

Figura 2: Quatro efeitos principais dos poluentes atmosféricos

5.5.1. Inversão de temperatura e smog fotoquímico

Poluentes como o dióxido de enxofre, que é libertado durante a queima de combustíveis que contêm enxofre (combustíveis fósseis), e partículas como a fuligem, presentes em massas de ar estagnadas, modificam-se com a luz solar e formam uma camada denominada smog fotoquímico.

5.5.2. O smog é uma combinação de nevoeiro, fumo e fumos libertados por moinhos e fábricas, casas e automóveis.

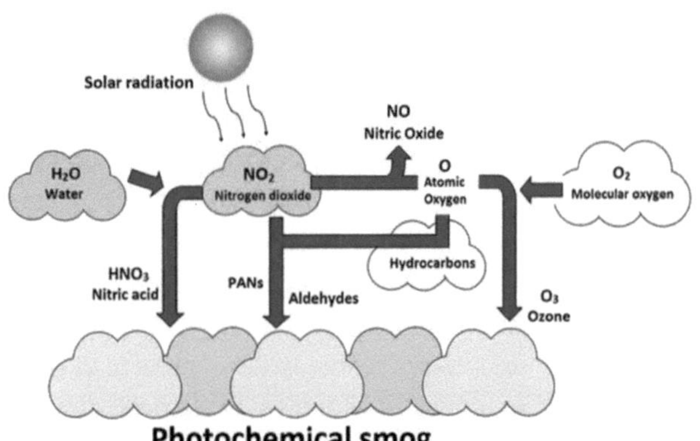

Fig. 3: Formação de smog fotoquímico e inversão de temperatura O smog fotoquímico é criado quando a luz solar atinge o ar estagnado em circunstâncias de baixa humidade, juntamente com poluentes como hidrocarbonetos, óxidos de azoto e fuligem SO2 (fotoquímico: reacções químicas na presença de luz). O smog irrita os olhos e diminui a visibilidade ao permanecer perto do solo.

Uma vez que o ozono e o nitrato de peroxiacetilo, ou PAN, são criados quando a radiação solar interage com hidrocarbonetos e óxidos de azoto, o smog fotoquímico é também conhecido como smog PAN. O ozono e o PAN são designados por oxidantes fotoquímicos. Ambos são substâncias nocivas que irritam os pulmões humanos. A inversão da temperatura, também conhecida como inversão térmica, é um fator de desenvolvimento do smog. Faz com que o smog se deposite e permaneça perto do solo até que o vento o afaste. O ar quente sobe normalmente para a atmosfera quando uma camada de ar quente e estagnado se encontra em cima de uma camada de ar frio ao nível do solo, mantendo-a aí. Chamamos-lhe inversão térmica, ou de temperatura (Fig. 3).

5.6. Chuva ácida

O carvão e o petróleo queimados pelas centrais eléctricas e outras indústrias libertam SO_2 para a atmosfera porque o carvão e o petróleo contêm pequenas quantidades de enxofre. Os gases de escape dos automóveis adicionam SO_2 e óxidos de azoto ao ar. Tanto o SO_2 como os óxidos de azoto são convertidos em ácidos HNO_3 e H_2SO_4 quando se combinam com o oxigénio e o vapor de água na atmosfera, de acordo com as seguintes reacções fotoquímicas.

$$2SO_2 + O_2 + 2H_2 O \rightarrow 2H_2 SO_4$$

$$4NO_2 + O_2 + 2H_2 O \rightarrow 4HNO_3$$

O O_3 do smog provoca o aumento desta reação. A chuva ou a queda de neve faz com que os ácidos que se desenvolveram desta forma sejam transportados para o solo. Chamamos-lhe neve ácida ou chuva ácida. A chuva ácida é criada quando os ácidos do solo reagem com os minerais para formar sulfatos e nitratos. Devido ao CO_2 dissolvido, a água da chuva, mesmo na sua forma mais pura, tem um pH de 5,6, o que é ligeiramente ácido. No entanto, o pH desce para 2 em locais onde existem fábricas de carvão e de petróleo, bem como uma elevada concentração de veículos automóveis, tornando a chuva extremamente ácida. As zonas mais afectadas são as colinas no sopé das montanhas. À medida que o ar carregado de humidade sobe para altitudes mais elevadas, condensa-se e liberta a sua carga de contaminantes sob a forma de chuva ou neve. Quando a neve derrete na primavera, os lagos e outras massas de água ficam mais contaminados. A precipitação ácida é o que acontece quando os contaminantes dissolvidos caem sob a forma de chuva ou neve (deposição húmida). A deposição seca é a deposição de gases e sais secos. Ao longo de várias centenas a vários milhares de quilómetros, a chuva ácida pode ser encontrada.

5.6.1. Efeitos da chuva ácida

Alguns dos efeitos da chuva ácida são enumerados a seguir:

1. As concentrações excessivas de ácido são fitotóxicas (tóxicas para as plantas). Tem-se registado uma morte generalizada de árvores nas florestas devido à chuva ácida.
2. As águas do mar são ricas em minerais e têm uma grande capacidade tampão. Mas a capacidade tampão das massas de água doce é baixa e os depósitos ácidos têm um efeito tóxico nos ecossistemas de água doce.
3. Os peixes maduros (capazes de se reproduzir) sobrevivem nas massas de água alimentadas pelas chuvas ácidas, mas não conseguem reproduzir-se. Por isso, não há peixes jovens nessas águas.
4. As superfícies expostas de edifícios e estátuas são corroídas. As estruturas de calcário ou de mármore ($CaCO3$) são especialmente danificadas (Fig. 32.5).
A reação química é a seguinte

$$CaCo_3 + H_2\,SO_4 \rightarrow CaSO_4 + CO_2 + H\,O_2$$

Os sulfatos são lixiviados pela água da chuva.
5. O sulfato ácido, quando presente na atmosfera, provoca preguiça. A névoa ácida que cai no solo reduz a visibilidade.

Fig 4: Uma estátua de pedra mostrando os efeitos corrosivos da chuva ácida

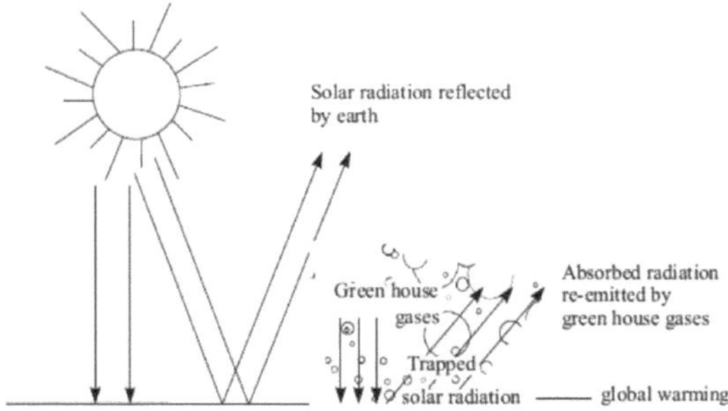

Fig 5: Efeito de estufa e aquecimento global

5.7.1. Efeito de estufa

A captura de calor é a definição literal e o objetivo de uma estufa. Provavelmente já viu plantas delicadas a serem cultivadas em câmaras de vidro onde a temperatura interior é mais elevada do que a exterior. O vidro deixa entrar a radiação solar mas impede que o calor saia do edifício. A câmara de vidro retém as radiações, o que provoca o aumento da temperatura. A luz solar pode atravessar gases como o CO2, o NO2 e os CFC (clorofluorocarbonetos), mas estes gases absorvem e irradiam o calor de volta para a terra. Por esta razão, são designados por gases com efeito de estufa.

Tabela 6. Gases com efeito de estufa

Os gases com efeito de estufa mais comuns e as suas fontes de poluição são os seguintes	
CO2	Da queima de combustíveis fósseis
NO2	De fábricas de fertilizantes, utilização de gases de escape de automóveis e resíduos animais
CH4	Desde decomposição bacteriana, biogás, campos de arroz inundados
CFCs	De Freon, (um refrigerante), sprays de aerossol
HALONS (halocarbonetos)	De extintores de incêndio

5.8. Como é que a atmosfera da Terra retém o calor?

A radiação ultravioleta do sol entra na atmosfera terrestre e viaja até lá. A superfície da Terra absorve a radiação até certo ponto. A parte restante é novamente irradiada pela superfície da Terra sob a forma de radiação infravermelha. As moléculas de vapor de água, CO2, CH4, CFC, N2O e O3 podem ser encontradas no ar contaminado. Embora estes gases não sejam capazes de absorver a luz ultravioleta, podem absorver a luz infravermelha. A superfície e a atmosfera da Terra aquecem devido à energia destas radiações retidas. O aquecimento do planeta resultará de um aumento da quantidade de gases com efeito de estufa na atmosfera, o que irá reter mais calor e aumentar as temperaturas mundiais. A precipitação, o nível do mar e o crescimento de plantas e animais serão afectados pelo efeito de estufa que provoca o aquecimento global. O aquecimento global é definido como o aumento da temperatura média global da atmosfera perto da superfície da Terra.

1. **Aumento do nível do mar:** Se as emissões de gases com efeito de estufa não forem imediatamente controladas, prevê-se que a temperatura mundial suba 5°C até ao final do século. Como resultado do aumento da temperatura, as calotas polares derreter-se-ão e encherão o mar. Além disso, a água expande-se com o calor. O nível do mar aumentará em consequência deste facto. Esta subida provocará inundações nas zonas costeiras baixas, inundando numerosas cidades.

2. **Seca:** Um aumento de 3°C na temperatura causará uma queda de dez por cento na precipitação, ou queda de chuva, o que levará a condições de seca.

3. **Efeito no crescimento das plantas:** O crescimento das plantas será inibido pela seca, uma vez que esta diminui a fotossíntese nas plantas.

4. **Efeito nos animais:** Condições mais quentes favorecem o crescimento de pragas.

5. **Escassez de água:** O aumento da temperatura conduzirá a um aumento da evaporação, levando à escassez de água para uso agrícola, municipal e industrial.

6. **Alterações climáticas:** Tem um grande efeito nas alterações climáticas. Por exemplo, a primavera ocorre agora cerca de uma semana mais cedo do que o normal.

7. **Aumento do CO2:** Condições mais quentes aceleram a degradação microbiana da matéria orgânica e adicionam mais CO2

8. **Temperatura diurna e nocturna:** As temperaturas nocturnas aumentaram mais do que as diurnas, uma vez que os gases com efeito de estufa impedem a fuga de calor durante a noite.

9. **Formação do buraco do ozono:** A atmosfera tem duas camadas, a estratosfera e a troposfera. A estratosfera situa-se entre 15 km e 50 km acima da superfície da Terra. A energia do sol divide algumas moléculas de O2 nesta camada para dar átomos individuais (O) que se combinam com oxigénio molecular intacto para dar O3. A camada de O3 forma um escudo, pois absorve os raios UV e impede-os de atingir a Terra. Se os raios UV penetrassem na nossa atmosfera, a vida não seria possível, uma vez que os organismos não toleram doses elevadas de radiação UV. A troposfera é a camada atmosférica mais próxima da superfície da Terra, cuja composição já estudaste. Os clorofluorocarbonetos e os halons libertados na atmosfera destruíram o escudo de ozono, tendo sido detectado um buraco de ozono no Pólo Sul da Antárctida e no Pólo Norte do Ártico.

5.9. Empobrecimento da camada de ozono

A destruição da camada de ozono é causada principalmente pelas seguintes razões

(a) Os clorofluorocarbonetos (CFC) são os agentes espumantes encontrados em copos de espuma e caixas de cartão, bem como os agentes de transferência de calor encontrados em aparelhos de ar condicionado e congeladores.

(b) Os produtos químicos anti-fogo utilizados nos extintores de incêndio são chamados halon ou halocarbonetos. Os gases halogéneos - especialmente o cloro - e os clorofluorocarbonos (CFC) estão a provocar a diminuição do ozono da estratosfera. O cloro é libertado quando os CFCs são quebrados pelos raios UV altamente intensos. As equações seguintes mostram como a camada de ozono se reduz porque o cloro libertado é o que faz com que o ozono se transforme numa molécula de oxigénio.

$$Cl + O_3 \rightarrow ClO + O_2$$
$$ClO + O \rightarrow Cl + O_2$$

5.10. Efeitos da destruição da camada de ozono

O empobrecimento da camada de ozono permitirá a entrada de mais raios UV na troposfera e causará uma série de efeitos nocivos, tais como

1. As plantas e os animais que vivem à superfície começarão a morrer.

2. A radiação UV irá acelerar a formação de smog

3. A temperatura da Terra aumentará, provocando a subida do nível do mar e a inundação das zonas baixas.

4. Mais raios UV incidirão diretamente sobre a pele dos seres humanos, causando cancro da pele.

5. As folhas das plantas apresentam clorose (perda de clorofila e amarelecimento),

5.11. Efeitos da poluição atmosférica nos seres humanos

O ar é móvel e o impacto da poluição atmosférica nos ecossistemas é reduzido, uma vez que o vento afasta os poluentes. Os efeitos nocivos da poluição atmosférica foram descritos juntamente com a descrição dos poluentes. A exposição a longo prazo a uma poluição moderada provoca mais doenças e morte. Alguns efeitos adversos da poluição atmosférica nos seres humanos estão resumidos na tabela 32.4.

Quadro 7. Efeitos dos poluentes atmosféricos nos seres humanos

Os gases com efeito de estufa mais comuns e as suas fontes de poluição são os seguintes	
Enfisema. Bronquite	CO, SO2, PAN, O3
Irritação ocular, dor de cabeça	SO2, PAN, O3
Silicose, Asbestose	Partículas em suspensão, como a sílica, amianto.
Doença das artérias coronárias	Fumo do tabaco
Anemia, lesões renais e hepáticas	Pb
Fluorose, Cancro da pele	Fluoretos
Morte por envenenamento	CO

5.12. Controlo da poluição atmosférica

Dado o ritmo alarmante da poluição atmosférica, em breve haverá mais pessoas doentes do que saudáveis. É imperativo que actuemos rapidamente para reduzir a poluição atmosférica. Uma vez que a queima de combustíveis fósseis liberta a maioria dos poluentes atmosféricos, existem dois métodos viáveis para reduzir a poluição atmosférica, que são abordados a seguir:

1. Uma estratégia consiste em evitar alterações desfavoráveis no ar que respiramos, adoptando as seguintes medidas de segurança:

2. Reduzir a quantidade de poluentes libertados para a atmosfera, queimando

menos resíduos e utilizando carvão e petróleo sem enxofre, bem como conversores catalíticos nos automóveis.

3. Adoção de medidas rigorosas contra a libertação de emissões das indústrias.

4. A utilização de outras fontes de energia que não os combustíveis fósseis, como o vento, a água, a eletricidade solar, etc., é a estratégia alternativa. Conduzir automóveis e bicicletas eléctricos em vez de automóveis com motores de combustão interna. Recomenda-se a utilização de gasolina sem chumbo nos veículos de serviço.

As pessoas precisam de ser educadas acima de tudo. Cada pessoa deve preocupar-se com a poluição atmosférica. Até lá, o ar não se tornará mais propício a um estilo de vida saudável.

6. POLUIÇÃO DA ÁGUA

Depois de ser utilizada nas casas e nas indústrias, um volume significativo de água é novamente libertado. Tanto o lixo doméstico como os efluentes industriais contaminam-na. Este fenómeno é designado por poluição e os contaminantes são designados por poluentes quando esta contaminação excede concentrações específicas permitidas. Uma definição de poluição da água é a introdução de poluentes tóxicos para a vida aquática em cursos de água, lagos, mares, águas subterrâneas ou oceanos. A água também é considerada contaminada se a concentração dos elementos que nela se encontram aumentar naturalmente. Uma definição de poluição da água é a introdução de poluentes tóxicos para a vida aquática em cursos de água, lagos, mares, águas subterrâneas ou oceanos. Dois dos principais factores que contribuem para a contaminação da água são o crescimento demográfico e a industrialização.

A água pode ser considerada poluída quando os parâmetros a seguir indicados ultrapassam uma concentração específica na água.

1. **Parâmetros físicos:** Os parâmetros físicos, que incluem a temperatura, a condutividade eléctrica, o sabor, a turvação, a cor e o odor, são marcadores úteis de contaminação.

Por exemplo, a turvação e a cor são sinais óbvios de água contaminada, mas sabores desagradáveis ou cheiros desagradáveis podem indicar que a água não é segura para consumo.

2. **Parâmetros químicos:** Estes consistem nas concentrações de iões metálicos, carbonatos, sulfatos, cloretos, fluoretos e nitratos. Em conjunto, estas substâncias constituem o total de sólidos dissolvidos na água.

3. **Parâmetros biológicos:** Os parâmetros biológicos englobam elementos como bactérias, vírus, fungos, algas e protozoários. Os poluentes têm um efeito significativo sobre as formas de vida que se encontram na água. As populações de plantas e animais, tanto superiores como inferiores, podem diminuir como resultado da poluição da água. Como resultado, as caraterísticas biológicas fornecem uma estimativa aproximada do nível de poluição da água.

6.1. Poluição da água - Fontes

As substâncias que têm a capacidade de alterar física, química ou biologicamente uma massa de água são designadas por poluentes da água. Estas substâncias têm uma influência negativa nos seres vivos. Como já foi referido, a água utilizada para fins industriais, agrícolas e residenciais é libertada no ambiente contendo alguns contaminantes indesejados. A poluição da água, muitas vezes conhecida como poluição da água doce, é causada por esta contaminação. A poluição das águas superficiais e a contaminação das águas subterrâneas são as duas categorias de poluição da água doce.

6.2. Poluição das águas superficiais

Quando os poluentes entram num riacho, num rio ou num lago, dá-se origem à poluição das águas de superfície.

A poluição das águas superficiais tem várias fontes. Estas podem ser classificadas como

• Fontes pontuais e não pontuais

• Fontes naturais e antropogénicas

(i) Fontes pontuais e não pontuais

As fontes pontuais são fontes claramente definidas que descarregam contaminantes ou efluentes diretamente em várias massas de água doce. Exemplos deste tipo de lixo são os resíduos industriais e domésticos. As fontes pontuais de poluição podem ser eficazmente verificadas. Por outro lado, as causas não pontuais de contaminação da água estão dispersas ou cobrem uma vasta região. A maior parte dos contaminantes encontrados nos lagos e cursos de água provém deste tipo de fontes, que também transferem indiretamente os poluentes através de alterações no ecossistema. Por exemplo, a água contaminada que se infiltra nos riachos e lagos provém de estaleiros de construção, minas abandonadas e explorações agrícolas. De facto, o controlo das fontes não pontuais é muito difícil.

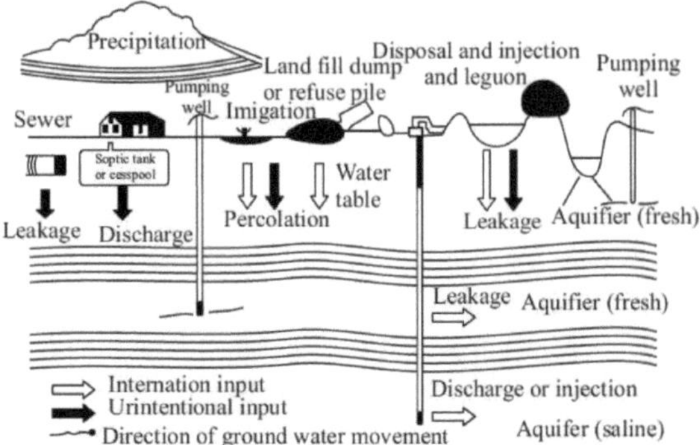

Fig. 6: Fontes antropogénicas de poluição da água

(ii) Fontes naturais e antropogénicas

Como já foi referido, a poluição também se refere a um aumento da concentração de poluentes que ocorrem naturalmente. As fontes deste aumento são designadas por fontes naturais. Uma dessas fontes naturais é o assoreamento, que compreende partículas minerais, areia e sujidade. É um fenómeno típico da natureza que ocorre na maioria das massas de água. A desflorestação sem planeamento faz com que o solo se solte e as cheias transportam sedimentos das montanhas para os lagos, rios e ribeiros. No entanto, as fontes antropogénicas ou artificiais de contaminação da água são os resultados da atividade humana que contaminam a água. As fontes antropogénicas incluem, por exemplo, os resíduos industriais, agrícolas e domésticos (esgotos e águas residuais) que acabam nos rios, lagos, ribeiros e oceanos. Incluem também algumas substâncias que atingem as várias massas de água depois de serem lixiviadas do solo pelas águas de escoamento. A Fig. 32.7 apresenta as fontes de contaminação da água causadas pelo homem.

6.3. Poluição das águas subterrâneas

A contaminação das águas subterrâneas ocorre quando a água contaminada penetra no solo e atinge um aquífero. Na maioria das nossas cidades e aldeias, a única fonte de água potável é a água subterrânea. Consequentemente, a contaminação das águas subterrâneas é uma grande preocupação. São vários os factores que contribuem para a poluição das águas subterrâneas. A água subterrânea é contaminada quando o esgoto bruto é despejado na terra, em fossas de infiltração ou em fossas sépticas. Figura 32.3. As camadas permeáveis do solo permitem a passagem de líquidos enquanto retêm as partículas sólidas. É possível que os contaminantes solúveis contaminem as águas subterrâneas. Além disso, a utilização excessiva de fertilizantes azotados e a descarga descontrolada de resíduos perigosos e até de materiais cancerígenos por parte de instalações industriais pode fazer com que estes materiais se infiltrem lentamente através da superfície da terra e se combinem com a água subterrânea. Este é um problema muito sério, particularmente em locais com lençóis freáticos elevados, ou em locais onde a água está facilmente disponível perto da superfície da terra. Como existe muito espaço vazio sob a superfície da terra, a água subterrânea pode percorrer grandes distâncias. Desta forma, se determinados contaminantes se infiltrarem nas águas subterrâneas num local, podem ser detectados num local diferente que esteja longe da fonte. Nestas circunstâncias, é difícil identificar a causa da poluição da água. No entanto, o solo actua como absorvente e filtro, enquanto a água actua como solvente, removendo os poluentes em suspensão e os contaminantes bacterianos durante o processo de infiltração. Uma vez que o movimento da água subterrânea através da rocha porosa é muito lento, os poluentes que se misturam com a água subterrânea não são facilmente diluídos. Além disso, as águas subterrâneas não têm acesso ao ar (ao contrário das águas superficiais), pelo que não ocorre a oxidação dos poluentes em produtos inofensivos nas águas subterrâneas.

6.4. Poluentes da água

Já leu sobre as diferentes fontes de entrada de contaminantes nas massas de água. Vamos agora examinar os vários tipos de contaminantes que têm origem nessas fontes. De um modo geral, estes enquadram-se nas seguintes categorias

1. Poluentes de esgotos (resíduos domésticos e municipais)

2. Poluentes industriais

3. Poluentes agrícolas

4. Poluentes radioactivos e térmicos

6.4.1. Poluentes domésticos e municipais

Os esgotos contêm lixo, sabões, detergentes, restos de comida e excrementos humanos e são a maior fonte de poluição da água. Os microrganismos patogénicos (causadores de doenças) (bactérias, fungos, protozoários, algas) entram no sistema de água através dos esgotos, infectando-o. A febre tifoide, a cólera, a gastroenterite e a disenteria são geralmente causadas pelo consumo de água infetada. A água poluída por esgotos pode conter outras bactérias e vírus que não se desenvolvem por si próprios, mas que se reproduzem nas células dos organismos hospedeiros. Provocam um certo número de doenças, como a poliomielite, as hepatites virais e podem ser cancerosas, que são resistentes ao oxigénio, como a matéria orgânica. São responsáveis pela desoxigenação das massas de água, o que é prejudicial para a vida aquática. Outros ingredientes que entram nas diferentes massas de água são os nutrientes vegetais, ou seja, os nitratos e os fosfatos. Estes nutrientes favorecem o crescimento de algas, vulgarmente designadas por algas (espécies azuis-verdes). Este processo é designado por eutrofização e é analisado em pormenor na secção seguinte.

6.4.2. Poluentes industriais

Existem muitas indústrias próximas de rios ou ribeiras de água doce. Estas são responsáveis por lançar nos rios os seus efluentes não tratados, que incluem resíduos orgânicos e inorgânicos perigosos (como ácidos, álcalis, cianetos, cloretos, etc.) e metais pesados extremamente venenosos como o crómio, o arsénio, o chumbo, o mercúrio, etc. O rio Ganges recebe lixo das indústrias da borracha, dos têxteis, do açúcar, do papel, da pasta de papel, dos curtumes e dos pesticidas. A maioria destes contaminantes é considerada não biodegradável, porque não pode ser decomposta por micróbios, prejudicando o crescimento das culturas e tornando a água contaminada imprópria para consumo. Os fabricantes de plástico, de soda cáustica e de certos pesticidas e fungicidas descarregam mercúrio, um metal pesado, nas massas de água adjacentes, juntamente com outras águas residuais. As bactérias, as algas, os peixes e, em última análise, os seres humanos são os primeiros pontos de entrada do mercúrio na cadeia alimentar.

A catástrofe da Baía de Minamata, no Japão, nos anos 1953-1960, tornou clara a toxicidade do mercúrio. Os peixes pereceram devido à ingestão de mercúrio e muitas pessoas que comeram peixe também morreram de envenenamento por mercúrio. A depressão e a irritabilidade são os sinais menos graves de envenenamento por mercúrio, mas as consequências tóxicas agudas podem resultar em anomalias congénitas, paralisia, cegueira, insanidade e mesmo morte. A síntese do ião monometilmercúrio solúvel ($CH3$, Hg^+) e do dimetilmercúrio volátil [$(CH)_{32}$ Hg] por bactérias anaeróbias em sedimentos é a causa da elevada concentração de mercúrio na água e nos tecidos dos peixes.

6.4.3. Resíduos agrícolas

As escorrências dos campos agrícolas incluem estrume, fertilizantes, pesticidas, lixo de quintas, matadouros e aviários, bem como sais e sedimentos. Quando uma massa de água recebe uma grande quantidade de fertilizantes (fosfatos, nitratos ou estrume), torna-se rica em nutrientes, o que provoca a eutrofização e a subsequente perda de oxigénio dissolvido. Beber água rica em nitratos é prejudicial para a saúde das pessoas, especialmente para as crianças pequenas. Para erradicar as pragas de insectos e roedores, são utilizados pesticidas como o DDT, a dieldrina, a aldrina, o malatião, o carbaril, etc. Através da cadeia alimentar ou da água potável, os resíduos de pesticidas tóxicos podem chegar ao corpo humano (biomagnificação). Estas substâncias são muito solúveis nas gorduras mas pouco solúveis na água. Por exemplo, mesmo que não haja muito DDT na água dos rios, alguns peixes acabam por absorver tanto produto químico que deixam de ser adequados para a alimentação humana. No nosso país, a utilização de pesticidas está a aumentar a um ritmo extremamente rápido. Alguns destes compostos extremamente perigosos são metabolizados pelos animais que pastam nos campos. Como resultado, tem-se verificado frequentemente que a cadeia alimentar humana inclui estas substâncias tóxicas. Mesmo níveis vestigiais destas substâncias nos seres humanos podem levar a desequilíbrios hormonais e até ao cancro.

6.4.4. Poluentes físicos

Os poluentes físicos podem ser de diferentes tipos. Alguns deles são analisados de seguida:

a. Resíduos radioactivos

A água contém radionuclídeos como o potássio-40 e o rádio. Como são

lixiviados dos minerais, estes isótopos provêm de fontes naturais. As fugas
acidentais de resíduos de minas de urânio e tório, centrais nucleares,
indústria, laboratórios de investigação e hospitais que utilizam radioisótopos
podem também contaminar as massas de água. A água e os alimentos podem
introduzir materiais radioactivos no corpo humano, que podem depois
acumular-se no sangue e em alguns órgãos importantes. Estes materiais
provocam cancro e tumores.

b. Fontes térmicas

A água é necessária para o arrefecimento de uma série de empresas, centrais
nucleares e centrais térmicas; a água quente produzida durante este processo
é frequentemente despejada em rios ou lagos. Este facto provoca poluição
térmica e desequilibra a ecologia dos corpos aquáticos. As temperaturas
mais elevadas fazem com que o oxigénio se torne menos solúvel na água, o
que diminui o nível de oxigénio dissolvido - um elemento crucial para a vida
marinha. As mudanças bruscas de temperatura podem ter um impacto nos
peixes e noutros seres aquáticos.

c. Sedimentos

Os sedimentos são constituídos por partículas de solo que são transferidas
para os lagos, ribeiros e mares. O grande volume de sedimentos torna-os
contaminantes. A sedimentação é causada pela erosão do solo, que é a
erosão do solo das terras de cultivo transportado pelas águas das cheias.
Como os sedimentos contêm uma grande quantidade de materiais nutritivos,
podem prejudicar a massa de água.

7. PRODUTOS PETROLÍFEROS

Os produtos petrolíferos são nocivos por natureza e são amplamente utilizados para combustível, lubrificação, produção de polímeros, etc. Na maior parte das vezes, navios, petroleiros, oleodutos e outros objectos conexos derramam por engano petróleo bruto ou outros produtos associados na água. Para além destes derrames não intencionais, outras massas de água são contaminadas por refinarias de petróleo, locais de exploração petrolífera e oficinas de reparação de veículos. Uma mancha de petróleo que flutua na superfície da água mata a vida marinha e tem um impacto negativo na ecologia do oceano.

Quadro 8. Foi resumida uma lista de vários tipos de poluentes da água, as suas fontes e efeitos

Poluentes atmosféricos	Algumas fontes	Emissão (% do total) Natural Antropogénica
Agentes patogénicos	Esgotos, resíduos humanos e animais, escoamento natural e urbano do solo, resíduos industriais	Depleção do oxigénio dissolvido na água (mau cheiro) efeitos na saúde (surtos de doenças transmitidas pela água)
Poluentes orgânicos Óleo e gordura Pesticidas e weedicidas Plásticos Detergentes	Resíduos de automóveis e de máquinas, derrames de petroleiros, fugas de petróleo no mar Produtos químicos utilizados para melhorar o rendimento da agricultura Resíduos industriais e domésticos Industriais	Perturbação da vida marinha, danos estéticos Efeitos tóxicos (nocivos para os organismos aquáticos), possíveis defeitos genéticos e cancro; mata os peixes Eutrofização, estética
Poluentes inorgânicos Fertilizantes (fosfatos e nitratos) Ácidos e álcalis	Escoamento agrícola Drenagem de minas, resíduos industriais, escoamento natural e urbano	Florescimento de algas e eutrofização, os nitratos causam matamoglobenemia Mata organismos de água doce, impróprios para consumo, irrigação e utilização industrial.
Materiais radioactivos	Fontes naturais, extração de urânio	Cancro e defeitos genéticos
	E processamento, hospitais e	
	Laboratórios de investigação que utilizam	
	radioisótopos	

| Calor | Água de arrefecimento para a indústria, centrais nucleares e térmicas | Diminui a solubilidade do oxigénio na água, perturba os ecossistemas aquáticos |
| Sedimentos | Erosão natural , escoamento de terras agrícolas e estaleiros de construção | Afecta a qualidade da água, reduz a população de peixes |

7.1. Poluição da água e alguns efeitos biológicos

A forma mais pura de água encontrada na natureza é a precipitação, também conhecida como chuva. No entanto, uma variedade de poluentes contamina a água quando esta atinge a superfície e, mais tarde, o subsolo. A deterioração da qualidade da água pode ser atribuída a alguns elementos biológicos que foram discutidos anteriormente. Estes incluem as plantas inferiores que produzem a acumulação de nutrientes nos sistemas aquáticos, tais como as algas e as bactérias. A condição conhecida como eutrofização, que é discutida abaixo, é causada por esta acumulação de nutrientes.

7.1.1. Eutrofização

Devido à erosão do solo e ao escoamento superficial da área circundante, uma massa de água torna-se gradualmente rica em nutrientes vegetais, como fosfatos e nitratos, um processo conhecido como eutrofização. Vamos fazer um esforço para compreender este fenómeno. Qualquer reservatório, como um lago, pode receber um afluxo significativo de matéria orgânica proveniente do escoamento superficial e do lixo doméstico. Uma quantidade crescente de lixo doméstico, restos agrícolas, resíduos industriais e escoamento de terras estão a ser libertados em diferentes massas de água como resultado do aumento da população humana, da agricultura intensiva e do rápido crescimento industrial. Quando as bactérias aeróbias (que necessitam de oxigénio) começam a decompor os resíduos orgânicos, os nutrientes são libertados. Este processo consome oxigénio dissolvido. Uma massa de água fica mais desoxigenada e produz mais nutrientes à medida que absorve mais e mais materiais orgânicos. As grandes plantas aquáticas, como a lentilha d'água e as algas, desenvolvem-se de forma anormal devido a estes nutrientes. Como resultado do aumento da procura de oxigénio e da consequente falta de oxigénio na massa de água, algumas plantas que estão a crescer também perecem (ou seja, desoxigenação da massa de água). O processo conhecido como eutrofização é aplicado a essa massa de água e é conhecido como eutrofizado. Eutrofização é um termo grego que significa "bem nutrido" (eu: verdadeiro, trophos: alimentação). Quando os resíduos orgânicos entram numa massa de água, quer naturalmente quer em resultado da atividade humana, as bactérias aeróbias trabalham sobre os resíduos, libertando enormes quantidades de nutrientes que causam a eutrofização da massa de água.

7.1.2. Poluição devida a produtos químicos industriais

O número de pessoas que vivem no planeta aumentou, assim como a atividade industrial. Observou-se que o aumento da população tem um impacto não só nas zonas industriais, mas também nos bens comuns globais, como o Ártico, a Antárctida e as reservas naturais isoladas. Além disso, foram encontradas no solo, na água e no ar quantidades crescentes de produtos químicos provenientes de processos industriais e de outras actividades humanas. As consequências ambientais e ecotoxicológicas são o resultado das concentrações mais elevadas de algumas substâncias químicas e da subsequente bioacumulação. Existem mais de 11 milhões de compostos químicos conhecidos, dos quais 60.000-70.000 são utilizados com frequência. Existe uma escassez de informação sobre os efeitos ambientais e ecotoxicológicos destes produtos químicos; no entanto, foram documentados numerosos casos de pesticidas, adubos, conservantes de madeira, produtos químicos retardadores de chama, metais pesados e metalóides, adubos e outras substâncias que envenenam massas de água.

7.1.3. Poluição devida a actividades agrícolas

Atualmente, reconhece-se que os fertilizantes desempenham um papel fundamental no aumento da produtividade agrícola. Nos últimos quarenta anos, a utilização de fertilizantes na Índia aumentou drasticamente. Para aumentar a produtividade agrícola, são também utilizadas quantidades substanciais de adubos orgânicos e insecticidas, para além dos fertilizantes químicos. Lamentavelmente, o aumento da utilização dos factores de produção acima referidos para alcançar o desenvolvimento agrícola desejado está a provocar problemas ambientais. De acordo com os relatórios, a eficácia dos adubos azotados na Índia é de cerca de 30-40% para o arroz e de 50-60% para o trigo. Os níveis de eficácia dos fertilizantes que contêm potássio e fosfato são de aproximadamente 50% e 15-20%, respetivamente. Este facto demonstra como uma quantidade significativa de fertilizante que é aplicada mas não é utilizada pelas plantas pode infiltrar-se nas águas subterrâneas e contaminar as reservas de água. Se os micronutrientes dos fertilizantes acabarem nas águas subterrâneas, podem ser perigosos. Numerosos locais permitem a entrada de nutrientes nas águas subterrâneas. Deve compreender-se que a maior parte da carga de azoto tem origem na poluição atmosférica e nos resíduos domésticos e industriais produzidos nas cidades, sendo apenas uma pequena parte proveniente da superfície dos terrenos agrícolas.

7.1.4. Poluição por hidrocarbonetos

Para além de contribuir para a poluição global do petróleo e para o esgotamento das reservas de petróleo, a utilização de combustíveis fósseis aumenta as emissões de gases com efeito de estufa (GEE) e modifica o clima da Terra. Numerosas fontes, incluindo o escoamento terrestre, os poluentes transportados pelo ar, as instalações costeiras, as fugas e os derrames de navios, os oleodutos e os tanques de armazenamento subterrâneos, permitem que os hidrocarbonetos de petróleo cheguem aos ambientes de água doce.

7.1.5. Carência biológica de oxigénio (CBO)

A carência biológica de oxigénio (CBO) de uma massa de água é a quantidade de oxigénio consumida pelos microrganismos durante três dias a 27°C e no escuro para decompor os resíduos orgânicos.
É do conhecimento geral que uma massa de água contém um grande número de substâncias orgânicas ou lixo. Estes resíduos são utilizados pelos microrganismos no sistema para o seu próprio crescimento e consumo. O oxigénio dissolvido na água fornece o oxigénio necessário para a atividade metabólica do processo. O termo carência biológica de oxigénio (CBO) refere-se a esta quantidade específica de oxigénio. O valor de CBO de um sistema aquático depende de:

➢ O tipo e a quantidade de resíduos orgânicos

➢ Os organismos que actuam sobre ela

➢ Temperatura e pH

A quantidade de oxigénio necessária para decompor biologicamente os resíduos orgânicos aumenta com a sua presença na massa de água, o que eleva o valor de CBO da água. Para avaliar o nível de poluição de uma massa de água, este valor é um indicador útil. O valor de CBO é relativamente baixo nas águas menos poluídas. O seu valor serve de padrão para controlar a contaminação de uma massa de água. O teor de oxigénio da água é medido antes e depois de ser incubada durante cinco dias a 20oC no escuro.

8. METAIS PESADOS

Quando os metais pesados num local, que podem ter sido produzidos pela exploração mineira ou ocorrer naturalmente, são mobilizados, estes causam potenciais problemas de saúde e ambientais na sobrecarga do solo e da água. Quando é detectada a drenagem ácida de minas, há uma grande probabilidade de estarem presentes metais pesados em abundância. O ácido sulfúrico derivado da oxidação de sulfuretos transporta normalmente muitos metais pesados, geralmente em quantidades bastante elevadas. A gestão das drenagens ácidas de minas, que contêm estes metais, inclui a neutralização e o aumento do pH da solução para precipitar a maior parte destes metais, geralmente sob a forma de sais metálicos. Estes sais tornar-se-ão então solúveis e poderão entrar no regime hídrico local.

É, por conseguinte, necessário rever os metais pesados que são prejudiciais para os seres humanos, animais, plantas e peixes.

8.1. Arsénio, cádmio, chumbo, níquel, manganês e molibdénio

Estes metais são potencialmente nocivos para a vida humana, uma vez que são bioacumulativos e podem afetar gravemente a saúde, mesmo em doses relativamente pequenas. Além disso, com a adição do cobre e do crómio, todos estes metais se tornam muito prejudiciais para a vida aquática.

8.2. Zinco, chumbo, alumínio, boro e ferro

Estes metais podem tornar-se rapidamente disponíveis quer em solos ácidos quer como sais precipitados por soluções ácidas neutralizantes. Todos eles são, em maior ou menor grau, tóxicos para o crescimento das plantas.

8.3. Mercúrio

O mercúrio é altamente tóxico na forma líquida, de vapor e de complexos orgânicos. É bioacumulativo e constitui, por conseguinte, um grande risco para a saúde dos trabalhadores que o manuseiam. Os seus efeitos prejudiciais nos animais e nos seres humanos são irreversíveis. O mercúrio pode ser absorvido através da pele, inalado como vapor ou ingerido através da ingestão de peixe contaminado e de água contaminada. O mercúrio é utilizado extensivamente em pequenas minas nalguns países em desenvolvimento; estes trabalhadores das minas devem ser informados sobre os perigos para a saúde associados ao mercúrio e sobre a forma de o manusear com segurança. O mercúrio pode também causar grandes danos ambientais a todos os tipos de animais e plantas. O mercúrio residual deve ser cuidadosamente recolhido e devolvido ao fornecedor. Além disso, todas as compras e utilizações do mercúrio devem ser registadas.

8.4. Cobre

O cobre é geralmente tóxico para a maior parte da vegetação aquática. Por conseguinte, há que ter sempre o cuidado de não permitir que o cobre entre nos sistemas de drenagem onde possa existir vida aquática.

Pesticidas

Os pesticidas são os produtos químicos utilizados para proteger as culturas e as forragens dos insectos e das pragas, incluindo os roedores e as ervas daninhas. Os processos bioquímicos constituem o principal mecanismo através do qual os pesticidas no ambiente são degradados e desintoxicados. Um bom exemplo deste tipo de pesticida é o DDT, cuja ação biológica no ambiente foi estudada de forma mais aprofundada. Como muitos outros insecticidas, o DDT tem como alvo o sistema nervoso central. O DDT dissolve-se no tecido lipídico (gordura) e acumula-se na membrana gordurosa que envolve as células nervosas. Este facto é suscetível de interferir com a transmissão das células nervosas. O resultado líquido é a perturbação do sistema nervoso central, matando o inseto visado. Enquanto o DDT é bastante estável e persiste no ambiente, os outros grupos - organofosfatos e carbamatos - degradam-se muito rapidamente. Estes últimos reagem com O_2 e H_2O, decompondo-se em poucos dias no ambiente.

Resíduos radioactivos

Os resíduos radioactivos são provenientes da extração e processamento de minérios de urânio. Outras fontes de resíduos radioactivos incluem a contaminação de fontes radioactivas utilizadas para fins de monitorização e onde os radionuclídeos ocorrem naturalmente com o minério que está a ser extraído, como em alguns depósitos de ouro e de areia mineral. Os resíduos radioactivos apresentam-se sob a forma de gases, líquidos e sólidos. Certas caraterísticas, como a toxicidade, a mobilidade, a semi-vida radioactiva e o tipo de emissão radioactiva, determinam a escolha dos procedimentos de gestão. Os três princípios básicos seguintes são utilizados na eliminação dos resíduos radioactivos:

(i) Diluição e dispersão de resíduos radioactivos de vida curta ou muito diluídos

(ii) Atraso para permitir o decaimento de resíduos radioactivos de vida muito curta em espécies não radioactivas

(iii) Confinamento de resíduos radioactivos de longa vida através de métodos como a submersão em água e coberturas impermeáveis

Tabela 9. Oligoelementos tóxicos na água natural e nas águas residuais

Metal	Fonte				Efeitos			
Arsénio	Exploração mineira por produtos , resíduos químicos			pesticidas,	Tóxico, possivelmente carcinogénico			
Cádmio	Descarga industrial, resíduos mineiros, revestimento de metais, condutas de água				Substitui bioquimicamente o zinco; provoca tensão arterial elevada, lesões renais, destruição do tecido testicular e dos glóbulos vermelhos, toxicidade para a biota aquática			
Berílio	Carvão, energia nuclear, indústrias espaciais				Aguda e carcinogé nico	crónic a	toxicid ade,	eventua lmente
Boro	Carvão, detergente resíduos industriais		formulaçõ es,		Tóxico para algumas plantas			
Crómio	Revestimento de metais, aditivo para água de torres de refrigeração, normalmente encontrado como Cr(VI) em águas poluídas				Oligoelementos essenciais; cancerígenos como Cr(VI)			eventua lmente
Cobre	Metalização, resíduos industriais e domésticos, extração mineira e lixiviação de minerais				Oligoelementos essenciais, pouco tóxicos para os animais, tóxicos para as plantas e algas em níveis moderados			
Flúor (iões fluoreto)	Fontes geológicas naturais, resíduos industriais, aditivo de água				Previne a cárie dentária a cerca de 1 mg/L, provoca manchas nos dentes e danos a cerca de 5 mg/L			
Chumbo	Indústri a,	minera ção,	canaliza ção,	carv ão,	Tóxico (anemia, doenças renais, perturbações nervosas), destrói a			

	gasolina				vida selvagem	
Manganês	Resíduos industriais de minas, danos causados por minas ácidas, ação microbiana em minerais de manganês a baixo pE				Relativamente não tóxico para os animais, plantas a um nível superior	tóxico para
Mercúrio	Exploração mineira, resíduos industriais, pesticidas, carvão				Altamente tóxico	
Molibdénio	Resíduos industriais, fontes naturais				Possivelmente tóxico para os animais, essencial para as plantas	
Selénio	Fontes geológicas naturais, enxofre, carvão				Essencial a níveis baixos, mas tóxico a níveis mais elevados	
Zinco	Resíduos industriais, revestimento de metais, canalização				Essencial em muitas metaloenzimas, tóxico para as plantas a níveis mais elevados	

Biomagnificação

As substâncias tóxicas viajam ao longo de diferentes cadeias alimentares. Embora os pesticidas tóxicos possam ser pulverizados para reduzir fungos, plantas e pragas de insectos, acumulam-se na cadeia alimentar e causam danos a outros organismos que não são os alvos pretendidos. Por exemplo, o DDT foi pulverizado numa dose que se previa ser segura para criaturas não visadas, como peixes e aves, a fim de controlar os mosquitos nos Estados Unidos. O DDT acumulou-se nos plânctons e nas zonas húmidas. Os peixes que consumiam plânctons tinham maiores concentrações de DDT nos seus corpos. Além disso, a concentração das aves aumentava muito mais quando consumiam os peixes. Biomagnificação é a palavra utilizada para descrever este aumento da concentração de substâncias perigosas acumuladas à medida que se sobe na cadeia alimentar. Os carnívoros, ou consumidores secundários, estão no topo da cadeia alimentar e a sua capacidade de reprodução e sobrevivência tem sido ocasionalmente posta em causa pela biomagnificação.

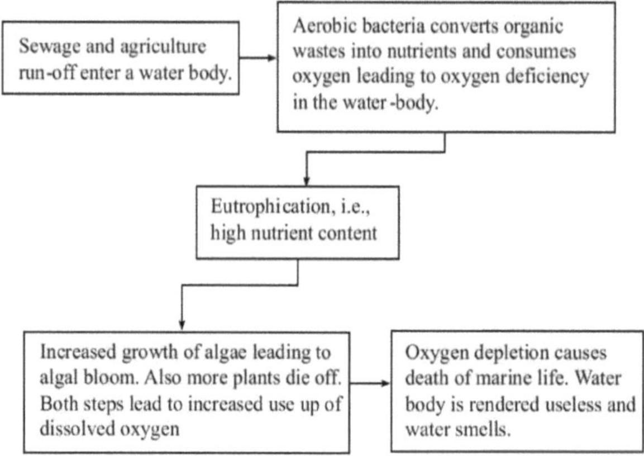

Poluição da água - Algumas medidas de controlo

Os esgotos, que são definidos como águas residuais produzidas por casas, empresas ou aterros sanitários, são classificados como um tipo de poluição da água municipal. Materiais sólidos como detergente, matéria mineral, matéria orgânica dissolvida e em suspensão, gases e nutrientes podem ser encontrados nos esgotos. Uma vez que uma das principais fontes de doenças transmitidas pela água são os esgotos, o tratamento dos esgotos é uma das tarefas mais importantes. Durante muito tempo, o principal objetivo do tratamento dos resíduos municipais sob a forma de esgotos era eliminar os germes perigosos, os elementos que necessitavam de oxigénio e os sedimentos em suspensão. Com a utilização de técnicas de tratamento municipal, a eliminação dos resíduos sólidos das águas residuais foi agora melhorada.

O tratamento destas águas residuais é efectuado nas três fases seguintes:

(i) Tratamento primário

(ii) Tratamento secundário

(iii) Tratamento terciário

Tratamento primário

As águas residuais são tratadas por sedimentação, coagulação e filtração antes de serem lançadas num rio ou numa zona de vaporização. Chamamos a isto tratamento primário. A água deve passar por um tratamento adicional, conhecido como tratamento secundário e terciário, se for necessária para consumo. Para efetuar o tratamento inicial da água, são seguidos os seguintes procedimentos:

(i) Sedimentação

Para esta fase, são utilizados grandes tanques em estações de tratamento de águas residuais concebidos especificamente para este fim. A água contaminada é deixada assentar, sedimentando o lodo, a argila e outros detritos no fundo e permitindo que a água se infiltre lentamente. Uma vez que as partículas finas não assentam, têm de ser eliminadas na fase seguinte.

(ii) Coagulação

A coagulação é o processo que transforma a suspensão coloidal e as partículas finas em partículas grandes. Para completar este processo, são adicionados alúmen de potássio e outros produtos químicos exclusivos conhecidos como coagulantes ou floculantes. As partículas grandes afundam-se no fundo ou são empurradas para a fase seguinte.

(iii) Filtragem

A água é filtrada passando-a através de um leito de areia, carvão finamente dividido ou materiais fibrosos para remover partículas em suspensão, floculantes, bactérias e outras criaturas. O lodo é o termo coletivo para os contaminantes recolhidos nestas fases. Servem como um fertilizante de valor inestimável. O gás das lamas é libertado durante a compostagem, resultado da atividade bacteriana anaeróbia. O gás metano, que é utilizado para cozinhar, constitui a maior parte desse gás.

Tratamento secundário ou biológico

A água após o tratamento primário não é própria para beber e tem de ser sujeita a um tratamento suplementar. Este tratamento é efectuado através de tratamento secundário ou biológico. Um método habitualmente utilizado consiste em permitir que a água poluída se espalhe sobre um grande leito de pedras e cascalho, de modo a favorecer o crescimento de diferentes microrganismos que necessitam de nutrientes e oxigénio. Ao longo de um período de tempo, é criada uma cadeia alimentar em movimento rápido. Por exemplo, as bactérias consomem a matéria orgânica da água poluída; os protozoários vivem das bactérias. Todas as formas de vida, incluindo as algas e os fungos, ajudam no processo de limpeza. Este processo é designado por tratamento secundário da água. Envolve os seguintes processos

(i) Amaciamento

As águas duras que foram submetidas a este tratamento estão isentas de catiões de cálcio e magnésio indesejados. A água passa por permutadores de catiões ou é tratada com cal e carbonato de sódio para precipitar os iões Ca^{2+} como carbonatos. Como resultado, a água torna-se mais macia.

(ii) Aeração

Ao empurrar o ar através dele, a água macia é exposta ao ar durante este processo, o que dá à água mais oxigénio. Isto promove a decomposição bacteriana da matéria orgânica em subprodutos inócuos como o dióxido de carbono e a água. O oxigénio diminui o dióxido de carbono, o dióxido de enxofre e outras substâncias. A qualidade da água continua a ser imprópria para consumo humano. É necessário erradicar os germes nocivos e outros. O tratamento seguinte encarrega-se disso.

Tratamento terciário

A água está realmente a ser desinfectada pelo tratamento terciário. O desinfetante mais frequentemente utilizado para erradicar as bactérias é o cloro. No entanto, o cloro também se combina com resíduos orgânicos que podem estar presentes na água para produzir hidrocarbonetos clorados indesejados, que são perigosos e podem causar cancro. Por isso, antes de fazer passar cloro gasoso pela água, é preferível minimizar a matéria orgânica presente na água. O tratamento com cloro não é tão eficaz como outras técnicas de desinfeção, como a osmose inversa, o tratamento com gás ozono ou a radiação UV. No entanto, estas abordagens são mais dispendiosas. A Fig. 32.8 apresenta uma visão global de todo o processo de tratamento das águas residuais. Para diminuir o volume e a toxicidade dos resíduos, uma estação de tratamento faz com que estes passem por uma série de filtros, câmaras e processos químicos. Durante a fase inicial do tratamento, as águas residuais são depuradas de uma parte significativa dos seus materiais inorgânicos e suspensos. A fase secundária acelera os processos biológicos naturais, o que minimiza a matéria orgânica. Se a água for reutilizada, é necessário um tratamento terciário. Aqui, 99% dos sedimentos são eliminados e são empregues diferentes procedimentos químicos para garantir que a água está livre de contaminantes.

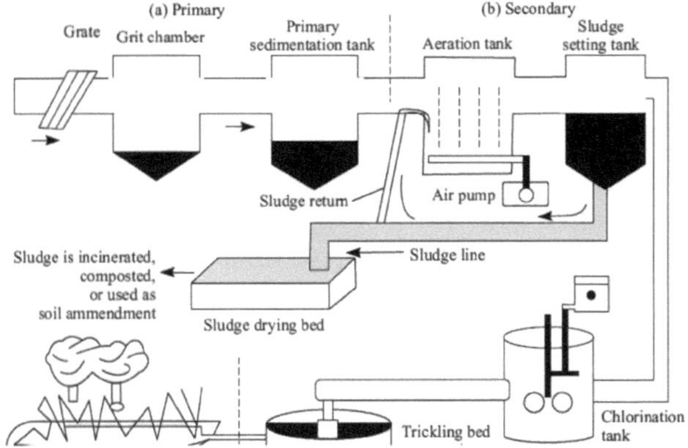

Fig. 7: Processo de tratamento de águas residuais

9. POLUIÇÃO DO SOLO

A adulteração do solo (terra) pela adição de substâncias indesejáveis é conhecida como poluição do solo.

9.1.Fontes de poluição

9.1.1. Resíduos industriais

A principal fonte de contaminação dos solos são os resíduos industriais, perigosos devido à presença de metais como o níquel, o cádmio, o mercúrio e o chumbo, bem como de cianetos, cromatos, ácidos e álcalis. A contaminação dos solos é também causada por certas empresas, como os sectores do papel, do açúcar, do cimento e da química, bem como as fábricas têxteis e as destilarias. Os resíduos destas indústrias não se decompõem biologicamente.

9.1.2. Resíduos urbanos e domésticos

O termo "resíduos do solo" refere-se a resíduos domésticos e urbanos que incluem lixo, papel, vidro, plástico, sacos de polietileno, latas, detergentes e bolos. Estes materiais libertam hidrocarbonetos, gases e microorganismos nocivos que causam doenças.

9.1.3. Produtos químicos agrícolas

Frequentemente utilizados para poupar e aumentar o rendimento das culturas, os fertilizantes, pesticidas, herbicidas, insecticidas e fungicidas contaminaram o solo. Há casos em que a introdução destes produtos químicos na cadeia alimentar tem um impacto negativo na saúde dos consumidores.

9.1.4. Fertilizantes

Sem dúvida que os adubos aumentam os rendimentos agrícolas, mas a sua utilização excessiva pode ter consequências negativas. Alteram o pH, o equilíbrio iónico e a composição elementar do solo. Assim, existem vários riscos para a saúde. O corpo humano desenvolve cancro devido aos nitritos.

9.1.5. Pesticidas

Os produtos químicos são utilizados para erradicar ou inibir o crescimento de organismos indesejáveis e, quando contaminam os alimentos e a água, afectam a saúde humana e animal.

9.1.6. Insecticidas

Alguns produtos químicos, como a dieldrina, o BHC, a aldrina e o DDT, são utilizados para matar insectos; no entanto, o governo proíbe a utilização do DDT porque não é biodegradável. No entanto, o governo proíbe o uso de DDT porque não é biodegradável. Devido ao que o solo viu, também afecta a cultura seguinte no campo. Em vez de pesticidas, podem ser utilizados alguns fosfatos e carbonatos orgânicos biodegradáveis.

9.1.7. Herbicidas

Certas substâncias inorgânicas, como o clorato de sódio e o arsenito de sódio (Na3AsO3), foram frequentemente utilizadas como substâncias herbicidas para inibir o crescimento de ervas daninhas. Estas substâncias são naturalmente venenosas. Assim, os herbicidas orgânicos preferidos atualmente são as triazinas.

9.1.8. Fungicidas

A utilização de fungicidas impede o crescimento dos fungos. Os fungos são uma das espécies de plantas que não possuem clorofila, o que significa que não são capazes de produzir alimentos através da fotossíntese. Como saprófitas, existem na matéria orgânica morta. Os compostos orgânicos contendo mercúrio têm sido utilizados como fungicidas. O pão produzido a partir de trigo tratado com fungicida à base de metil mercúrio causou a morte de um grande número de pessoas no Iraque. Como estas substâncias se decompõem no solo, a sua utilização pode ter inúmeros efeitos catastróficos.

9.2. Controlo da poluição dos solos

Foram sugeridos os seguintes passos para controlar a poluição do solo:

(i) A utilização de fertilizantes químicos pode ser reduzida através da aplicação de biofertilizantes e estrume.

(ii)A reciclagem e a recuperação de materiais parece ser uma solução razoável para reduzir a poluição do solo. Materiais como papel, gás e alguns tipos de plástico podem ser reciclados.

(iii) O controlo da perda de terras pode ser tentado através do restabelecimento das florestas e do coberto vegetal para evitar a erosão dos solos e as inundações.

(iv) Devem ser adoptados métodos adequados para a eliminação dos resíduos sólidos.

9.3. A química verde como ferramenta alternativa para reduzir a poluição

Nestas unidades, falámos dos riscos associados à contaminação do ambiente. A utilização de produtos químicos nocivos, a industrialização rápida e o seu fabrico são as principais causas desta poluição. A química verde é um esforço significativo para proteger o ambiente dos resíduos e efluentes químicos. "A química verde é a conceção de produtos e processos químicos que reduzem ou eliminam a utilização e a produção de substâncias perigosas. A química verde é amiga do ambiente porque considera a forma como os processos e produtos químicos são concebidos em relação à forma como afectam o ambiente e a saúde humana.

9.3.1. Princípios da química verde

(i) A aplicação de materiais iniciais, reagentes e solventes menos perigosos para o ambiente e para a saúde humana.

(ii) Utilização mais eficiente das matérias-primas.

(iii) Utilização de processos químicos que integram totalmente os ingredientes de entrada nos produtos acabados e quaisquer subprodutos remanescentes.

(iv) Procurar novas alternativas que respeitem o ambiente.

(v) É preferível prevenir os resíduos do que tratá-los ou limpá-los depois de terem sido produzidos.

9.3.2. Realizações da química verde

(i) Formação do CO2 em fase densa. Um composto químico recentemente produzido com propriedades notáveis é o CO2 em fase densa. É capaz de limpar tudo. Tem várias utilizações na indústria alimentar e pode ser utilizado como solvente reciclável.

(ii) Criação de células de combustível para telemóveis que podem alimentar um dispositivo durante toda a sua vida útil.

(iii) Criação de um método de produção de espuma de poliestireno que utiliza o CO_2 como agente de expansão. A utilização de clorofluorocarbonetos é eliminada por este método.

(iv) Ao branquear peças de vestuário na lavandaria, o peróxido de hidrogénio H2O2 funciona melhor e é mais seguro do que o tetracloro eteno (Cl2C=CCl2). Esta substância contaminou as águas subterrâneas e é considerada cancerígena.

(v) Em vez de utilizar cloro gasoso perigoso para branquear papéis, é utilizado peróxido de hidrogénio (H2O2) em conjunto com um catalisador.

(vi) Atualmente, o etano é produzido à escala industrial através da sua oxidação numa única etapa numa solução aquosa, utilizando um catalisador iónico.

$$CH_2 = CH_2 + O_2 \xrightarrow[\text{in water}]{Pd(II)Cu(II)} CH_3CHO \ (90\%)$$

9.3.3. Estratégias de controlo da poluição ambiental

Os seres humanos, os animais e as plantas são todos afectados pela poluição ambiental, para além dos materiais. A maior parte da contaminação ambiental é causada pela produção de lixo e pela sua eliminação incorrecta. Para além dos resíduos urbanos e das águas residuais, é necessário tratar e eliminar de forma segura numerosos resíduos industriais tóxicos provenientes de operações de fabrico. Os resíduos biodegradáveis e não biodegradáveis, como os plásticos, os resíduos metálicos e os sacos de polietileno, devem ser colocados em caixas diferentes.

Os aterros sanitários são utilizados para armazenar o lixo biodegradável. Os resíduos industriais biodegradáveis e não biodegradáveis são igualmente separados e têm de ser colocados em caixotes diferentes. As cinzas volantes, a lama dos fornos, as avarias e outros resíduos não biodegradáveis deram origem a problemas significativos. Certas empresas químicas geram compostos perigosos como subprodutos e resíduos combustíveis. São habitualmente utilizados alguns métodos, como os seguintes

1. Reciclagem: Os materiais reciclados têm uma série de vantagens, incluindo preços mais baixos para a eliminação do lixo e despesas com matérias-primas.
(i) Recolha e reciclagem de vidro.

(ii)A sucata de ferro pode ser utilizada no fabrico de aço.

(iii) Os sacos de polietileno e os plásticos também podem ser reciclados.

(iv) Os jornais, os exemplares usados e as revistas podem ser utilizados para fazer papéis.

9.4. Tratamento de águas residuais

Esgoto é um termo utilizado para descrever uma variedade de resíduos líquidos, tais como resíduos do solo, materiais orgânicos e inorgânicos dissolvidos, suspensos e coloidais, e resíduos domésticos e industriais que compreendem 99,9 por cento de água. Estão envolvidos os seguintes passos.
1. A eliminação de detritos grandes e sólidos. A peneiração e a crivagem são dois métodos que podem ser utilizados. Os aterros são utilizados para armazenar os resíduos sólidos.
2. É permitido que os tanques permaneçam no local. Os alúmenes e o sulfato ferroso são utilizados para ajudar muitas partículas a assentar, embora o óleo e a gordura flutuem à superfície e possam ser removidos com calços.
3. A etapa seguinte consiste em filtrar os resíduos depois de os microrganismos oxidarem biologicamente o seu conteúdo orgânico.
4. Para melhorar a qualidade das águas residuais, são utilizadas várias técnicas físicas e químicas para eliminar certos compostos, como os fosfatos, e adicionar cloro.
(i) Incineração: Converte os resíduos biológicos e orgânicos em dióxido de carbono, água e a uma temperatura mais elevada (1273 k) com bastante

oxigénio. É necessária uma filtragem para os gases de escape. As policlorobidenzodioxinas (PCDDs) são compostos perigosos que podem resultar da oxidação parcial de bifenilos policlorados (PCBs). O principal problema com este procedimento é o facto de as oxidações incompletas conduzirem à poluição do ar.

(ii)Digestão: Durante o longo processo de respiração anaeróbica, a lama é mantida num tanque fechado sem ar. Isto produz gases como o dióxido de carbono, o metano e o sulfureto de amónio. É possível produzir combustível a partir do gás metano.

$$2(CH_2 O) \rightarrow CO_2 + CH_4$$

(iii) Despejo: O despejo de águas residuais no oceano tem sido bastante popular. No entanto, a quantidade de lamas despejadas em terra está a aumentar nos dias que correm, porque contêm fósforo e azoto, que nutrem o solo.

REFERÊNCIAS

Navindu Gupta, R.S. Khoiyangbam, e Niveta Jain (2015). Química Ambiental

Andrews JE, Brimblecombe P, Jickells TD,Liss PS, Reid B (2004).An introduction to environmental chemistry. ISBN 0-632-05905-2. https://dl.icdst.org/pdfs/files/687b74a4d47b6ebba0a4654a2a35ee0b.pdf

M Fazal-ur-Rehma. Uma introdução à Química Ambiental. https://tech.chemistrydocs.com/Books/Environmental/An-introduction-to-Environmental- Chemistry-By-M.Fazal-ur-Rehman.pdf
Stanley E. Manahan, Fundamentals of Environmental Chemistry, 3ª ed., Taylor & Francis/CRC Press, 2009 (manahans@missouri.edu)
Des W Connell (2005). Conceitos básicos de química ambiental. Taylor & Francis 978-0-203-02538-3.

yes
I want morebooks!

Buy your books fast and straightforward online - at one of world's fastest growing online book stores! Environmentally sound due to Print-on-Demand technologies.

Buy your books online at
www.morebooks.shop

Compre os seus livros mais rápido e diretamente na internet, em uma das livrarias on-line com o maior crescimento no mundo! Produção que protege o meio ambiente através das tecnologias de impressão sob demanda.

Compre os seus livros on-line em
www.morebooks.shop

Printed by Books on Demand GmbH, Norderstedt / Germany